这是一本充溢思辨的砚林新著。书中有砚旅的边看边思，有关于砚的流变、面目及名砚石品的独立思考，有关于大师、好砚的深度品评，有关于收藏和如何收藏的精辟见解，其中，最具光芒和价值的是作者的制砚理念、鉴藏解析与艺术思想。

砚林煮酒

俞飞鹏 著

北京工艺美术出版社

图书在版编目（CIP）数据

砚林煮酒/俞飞鹏著.－北京：北京工艺美术出版社，2012.9
ISBN 978-7-5140-0232-4

Ⅰ.①砚... Ⅱ.①俞... Ⅲ.①砚－鉴赏－中国Ⅳ.①TS951.28

中国版本图书馆CIP数据核字（2012）第226219号

出 版 人：陈高潮
责任编辑：张 恬
设 计：印 华
责任印制：宋朝晖

砚林煮酒

俞飞鹏 著

出版发行	北京工艺美术出版社
地 址	北京市东城区和平里七区16号
邮 编	100013
电 话	(010) 84255105（总编室）
	(010) 64283630（编辑室）
	(010) 64283671（发行部）
传 真	(010) 64280045/84255105
经 销	全国新华书店
印 刷	北京顺诚彩色印刷有限公司
开 本	700毫米×1000毫米 1/16
印 张	13
版 次	2012年9月第1版
印 次	2012年9月第1次印刷
印 数	1~2000
书 号	ISBN 978-7-5140-0232-4/J·1132
定 价	48.00元

　　俞飞鹏，江西婺源人，著名砚雕家。有《皇宋元宝》《石头遗记》《青铜时代》《凝古》《百眼百猴巨砚》等作品名于砚林。《幽砚》，见藏中国天津艺术博物馆。

　　闲时敲字作文，已出版《砚林笔记》《砚谈》《歙砚　吴楚清音》《苴却砚的鉴别与欣赏》《中国当代名家砚作集》。

自序

少居婺源，邻儒学府。目染耳濡，多画栋雕梁。

儒学府内，砌青石方塘，春雨淅沥，池水初涨。炎炎夏至，莲叶绽放。儒学府后有山，曰儒学山。漫山古木参天，遍野落叶。一路绿萝缤纷，幽谷如画。

早岁皮顽，常爱攀缘登山。寻机偷遁出门，钻一径熟路，穿雨巷东绕西弯，至儒学山根，脱鞋赤足，拾阶而上。其时若是秋季，风荡树林，漫天枝叶，喧哗欢呼，山野摇曳，一时四方蹈舞，天地响应。

少时最爱秋阳，印象最深莫过于阳光透过密林流泻的万千光芒，一瞬天地旷远，林木高瞻，小小的我，徜徉在空山石径，沐一路迷离，任斑斓亮闪。

家住婺源老巷，满目翘角飞檐，粉墙黑瓦。居清修宅第，有天井四方。楼阁筑雕窗，画栋多绕梁。春望屋檐，听雨水滴答，冬日围炉，看落雪飞花。

孩提时代，爱采芒秆，制羽箭，玩弹弓，滚铁环。

由老巷往西，出古城门，可至星江河畔。一溪流水，满目青山。相伴砚石，是为日常。

开砚池，做砚堂，舒心境，写心象。历龙尾砚沁染，经茞却砚沉醉，研砚学，相石制砚，究砚理，边刻边想。煮酒砚林，感悟砚艺，点滴思辨，形成篇章，心系砚学勃兴，祈望砚道弘扬。

古论孟德玄德数英雄，
今品端砚歙砚诸石侯。
列位方家莫走，
且听砚林煮酒⋯⋯

前语

邻近工作室，有一片空地，得闲，我常去那散步。

如今，空地早已不空，占据它的是一部又一部的车。

我刻着砚，在快餐化的当代。

偶尔，会深度艳羡起慢板的古人，想造出箕形砚的唐人，想开出抄手砚的宋人。想他们悠悠然闲暇在深山老坞或瓦屋蕉窗下，边刻砚边欣赏的那份闲逸，他们可以安谧、静寂地描摹美好，年复一年，耳旁听到的是鸟雀啼鸣，身边，间或会有老牛行过……

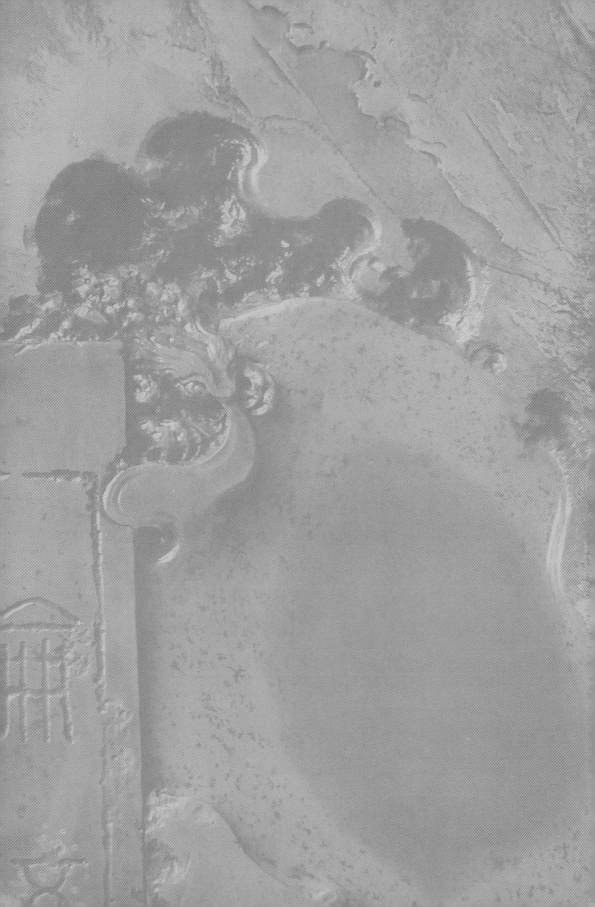

砚遇

砚雕技艺，至今沿袭的是传统手工制作法式，一方砚，从毛石到成品，须经过洗涤、造型、切割、相石、辨品、构思、打稿、雕刻、精磨、上蜡、配盒等多项繁杂而细致的工序。

一

回婺源，爱做的一件事，便是逛砚店。

有家砚店，开在深巷里。走进门，先见一小巧院落，院墙边稀疏地栽有几棵枣树，院中间铺有青石板地。入正屋，客厅挂有中堂画幅，画两旁张贴有红纸洒金对联。靠窗一角的长条桌上，摆着大大小小数十方砚。

2009年，在这家砚店，我见过一方采自龙尾深溪的子石砚，砚约25厘米大小，色深若铜，形如团卵。砚上精刻薄意山水，林木、茅屋、小溪、石径，隐约渲染出一脉金灿灿的浑然秋境。细看刀工，由点到面，刻得分外微细。

我问店家，这砚怎么个卖法？

店家说，呵呵，呵呵，俞老师，你是行家，你估个价吧。

子石砚，形、色团栾完满，加上堪称精妙的刻工，且这刻工，不仅仅好在细，还好在寓合了石形，浑融了石色。

我告诉店家，你这砚，可卖三四万元。

店家说，什么，三四万元？俞老师，你是说笑吧，这砚，我定三千元的价，人家都说高了呢。

我说，人家说人家的，你就这样卖吧。

也就这一说，之后，我回到攀枝花，之后，听说贵州的一种砚石，价由两万攀升到了五万，又听说广东端砚，砚石已开始成倍飞涨。

有关心我的人说，你不买点砚石存起？很多砚石都在涨呢，攀枝花的苴却石，也会跟着涨的。

我说，是的，砚石属稀缺的资源，凡是稀缺资源，全世界都在涨，苴却石当然不会例外，看涨是一定的，用苴却石刻的砚，也会跟着涨价，苴却石涨价，我一定信，可是，我，还是刻我的砚，就把砚刻好吧。

我刻着砚，到2011年的春季，忽地，苴却砚石也一个斤斗接着一个斤斗翻番地涨了起来。

这年的一日，婺源店家来电话了，他说，俞老师，您定价的那方砚，现在，买家出价已到了四万五。

我说，呵呵，那好的，你卖出没？

店家说，我还没出手，只要我点头，这东西马上就可卖出呢。

我问，那，你还想等到什么时候？

店家只是呵呵地笑，却不说。

砚石，属稀缺的资源呢，用砚石刻的砚，不涨，怎么会。

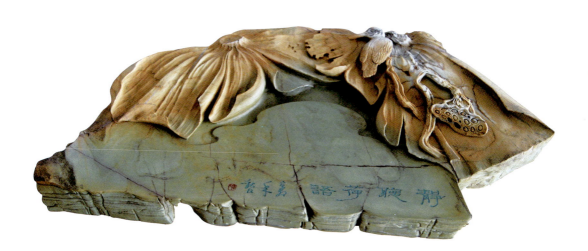

残荷砚

松花石

尺寸：68cm×33cm×9cm

设计、雕刻：李兆生

收藏：中国松花石艺术馆

二

周末小聚，席间，朋友拿出一砚，让我眼睛一亮。

聚会带着砚，我的这位朋友，对砚的喜爱足见非常。

他带的是一歙砚。砚自然成形，比字典略大，砚上刻了两片蕉叶。蕉叶，是传统砚雕中常用的题材。此砚，尽管雕刻在砚额处的蕉叶，有大小、虚实的变化，但总觉得分量不足，缺了点什么。

看着不见精巧，不怎么样的一方砚，朋友为何买呢？

原来，此砚的佳妙，在砚的背刻。背刻，是歙砚的传统表现形式。刻在背面的图饰，因为没有砚边、砚池、砚堂的约束，制砚者往往能放开思维，刻出新意，刻出别有的意趣。此砚，巧用砚背的金黄晕色，浅刻执笔书蕉的怀素。怀素的坐态与书蕉的神态，都刻得出味和颇具功力。

此砚，好看的不放在正面，工夫全用在背面。朋友总觉不解，之所以带上砚，就想听我说道说道。

我从以下几方面谈了看法。

其一，留品的考虑。歙砚的金晕，是歙石中的稀品。而好石品，对制砚者而言，保留和取用自然要考虑。此砚的金晕放在开堂、做池的砚面，制作时一下刀，三两下就没了。因而，作者将金晕留在了砚背。

其二，实用的需要。歙砚古往今来，一向重砚的用。此砚，将好看的金晕留在砚背，让用与赏作一分隔，虽说是不得已而为，却也因为这一转换，制砚人可以放开手脚，将实用的地方做得更实用。

其三，欣赏的需要。让人喜爱的砚，在便利实用，亦在把玩欣赏。此砚之所以在砚背着力，考虑的便是赏玩的需要。要是这砚正面、反面都一般般，谁见着都不喜爱，自然也就无人选藏了。

三

设计应遵循的原则，是简洁，是美观，是大方和易于制作。

市场上，太多的人把简洁看作简单，把花里胡哨视作好看。面对纷乱的市场，设计，应如何设计？艺术，怎样才是艺术？

邮箱里，博友发来一张砚石图片。

砚石外形凹凸有致，天然成趣。砚石除下边有点残缺外，其他地方，肌理效果已很出味，砚石上已有的如鬼斧劈就的几刀，驰骋纵横于砚石，状态昂扬似旁若无人。

对于砚料的好，向来有很多认识，有的爱老坑料，比如端砚，砚料出自三大名坑，谁会说就是不好呢。2011年，在广州，友人给我一块端石，特意和我说明，砚料是麻子坑的，好料呢。

也是在2011年的年末，在肇庆，一同行买下一块砚料，花了近70万，这块料买下后，开出了鱼脑冻，价格不用说，涨到150万不会有问题。

是的，所谓好料，在端砚，有好石品的料是可以等同于好料的，这就像在歙砚，有金星、金晕的料是好料一样。

畅

贵州紫袍玉带石

尺寸：12cm×12cm×3.3cm

作者：吴荣华

半亩方塘

苴却石

作者：俞飞鹏

时间：2012年

此砚，十多年前即已开出砚堂。先前认为，砚堂里或砚额、砚边上，必须刻点什么才算完事，由于没能想出适宜的制作方案，此后，一搁十多年。

十多年后再刻此砚，做得最好的，不是在砚中刻了什么，而是再刻时的一味能舍。因为能舍，此砚有了一脉难得的浑成，亦使精心做出的此砚复归于浑朴。

有人爱砚石的纯净，爱砚石的洁净无瑕，爱这样砚料的，当然会认为这就是好料。

一次，和一制砚同行交流，他问我，面对一堆砚料，让你来选，你最想选的是什么？是石品吗？

我说，我最愿意选的，是首先在形态上能打动我的那一类砚料。

我以为的和想要的砚料，新奇、忽来、神异，让你无法忽视，使你爱不释手，令你浮想联翩，甚至兴奋得不能自已。

一块砚料，如邮箱里收到的砚石图片那样，能凹凸有致，且天然成趣，有出味的肌理效果，这对我而言，便已是好料。

博友发来图片，是想听听我的设计建议。

在我看来，这样的砚料，从设计看，最值得做的是抓住稍纵即逝的感觉，而最不宜的是反反复复地推敲和推敲之后的具体设计。面对这样的砚料，设计越是周到、具体，画面越有可能老套、规范、局限。

在这样的砚石上，我更喜欢挥刀入砚，因为直接的下刀，远比周密的设计来得有意味，见灵性，富神韵。

四

我看砚，喜看异。

看异，就是在同中找到不同。看一圈砚，看过来看过去，题材差不多，或松或柳，或山或水，或龙或凤，都那样做，刻的就那样，这样看一圈，如没看一样。

看砚，最怕雕得一样，前前后后的砚，雕的地方一样，面积差不多一样，手法一样，你镂空，我镂空，方方都镂空，你浅刻，它浅刻，砚砚全浅刻。所以，很多能看砚的时候，我是宁可不看。要是，在一圈砚中，突然间，有这样一方砚，形不同，色不同，题材不同，表现手法还不同，这样的砚，我是定然要看的，可能，还会一看，再看。

一次，见到一方近20厘米大小的端砚。

端石坑仔岩鼓形砚

尺寸：13.6cm × 13.6cm × 4.5cm

砚以大小不一的圆形，构成池、堂与砚边。图案采用对称合围形式，围绕石眼，精刻古龙纹饰，形成双龙护月样式。

砚的造型灵巧而饱满，凸凹结合，大小适度，雕刻精细见微，堪称精妙绝伦。

端砚的这一类砚。造型，雕刻，保持着传统的状态，不浮华，不贪大，不取巧，不哗众取宠，以不变应对着万变。

11

端石坑仔岩水纹圆形砚

石眼、翡翠纹

尺寸：14.5cm×14.5cm×3.5cm

砚是绿端，砚作者依形就势，在砚额处刻了一棵柏树，树梢间，斜挂了个斗笠，树下刻有两条水牛。砚，工细、认真，只是卖相陈旧了些，色泽也较偏暗。

店家说，砚刻得好，要是石料好，早卖出了。

端砚人看端砚，主要是传统的四看：一看砚坑。这是看端砚首要要看的。端砚的砚坑，最具影响力的是老坑（水岩），坑仔岩，麻子坑这三大名坑，其他次之。二看石品。比如石眼，青花，冻等。三看做工。四看谁做的。所以，在端砚，有人会这样认为，要主宰端砚，关键在控制三大名坑，控制了三大名坑，端砚的砚市也就掌控手中。

制砚就是制砚，在砚怎样。砚石和石品是天生的，而好砚，在砚雕家对砚石与砚艺的把握以及认知，领悟，灵性，艺术，人文，修为，技术等的综合。若单看砚石，偏重砚石，那么，差的做工，只要选用了好砚石，等于就有市场。而好的名家，只要砚石不好，他的作品就很有可能没市场。

我问店家，这砚价钱多少，店家说，这砚不贵啦，就卖5000元。

砚雕技艺，至今沿袭的是传统手工制作法式。一方砚，从毛石到成品，须经过洗涤、造型、切割、相石、辨品、构思、打稿、雕刻、精磨、上蜡、配盒等多项繁杂而细致的工序。

想想，经过这许多工序的造境工巧不错的一砚，才卖5000元，这价，实在是不贵的。

五

乘车去深圳，途经肇庆，突然想下车，因为，肇庆有名扬中外的端砚。

端砚，中国制砚重要的一支流脉。

肇庆古称端州。

端州人制砚，不同于早年我学刻歙砚。比如雕砚用的锤，歙砚，用的是铁锤。端州人不，很多人至今习惯用木槌。再比如用铲，歙砚的铲，主要靠肩部的推，端州人制砚，惯用手的推力铲刻。

用一柄木槌敲敲打打，铲、挖、雕、刻，一方端砚就这么雕成了。

木槌制砚，好在哪，会怎样？我没有感受。歙人用铁锤，以浅浮雕造就歙砚，端州人用木槌，刻的是深浮雕，成就的是端砚。

端砚的云，凹凸出的线条，一朵朵的具体形态，总觉得有出处，它们出自哪朝哪代，由哪个匠心独具的砚雕人创下，尔后代有流传，延续至今？实在难有考证。端砚的云，下刀多见双线纹，用刀明辨，雕刻深凸。而歙砚的云，多注重流动的韵味，哪怕是行云一脉，也想刻得轻盈飘忽，若隐若现。端砚，形多端庄，方正，看端砚的成品，雕刻的图饰在哪，砚池开具在哪，砚边、砚堂的开挖、造就，定然见规矩、有格式。整体上看，端砚，予人的是一派端方之相。歙砚却总是野逸。形野，相野，雕刻野，构造一如地野。

神秘的端砚，别样的砚作。

由深圳返程，经不住端砚的诱惑，到肇庆，我急切地走下了车。

端砚，稳占着砚林的半壁江山。

很多人知道端砚。这很多的人中，有的知端砚，爱端砚，有的一直以来使用的就是端砚，也有久闻端砚大名，却还无缘亲近过端砚的爱者。

有人问，半壁江山，指的是否是砚的市场占有量？我以为，远不仅仅是。可以这么说，我们看到的很多很多的古砚，其中占有一定量的是端砚，我们知道的很多谈砚的著述，或古代或当今的，涉及端砚的可以说是

清云月端砚

尺寸：15.2cm×14.5cm×2.5cm

云笼于月，月隐于云。此砚，以
月的虚空处巧为砚池，用云的漫
闲合围成砚边。全砚于严谨中见
灵动，雕刻入细，简约实用。

　　砚池、砚堂、砚边，是砚之所以为砚的要素。是一方砚最重要的三方
面。市面上很多的砚，我们可以看到雕龙描凤的工细，看不到的就是如端
砚的砚池、砚堂、砚边的见工。端砚，从一方砚看，它的砚池、砚堂、砚
边分工合度，适当，见理。池开多大多深，堂在一方砚中的面积、深浅，
边线的宽窄有度，在端砚，细究它的砚池，探研它的砚堂，推敲它的砚
边，可以一一感觉到工上的绝不一般。而这样的不一般，是端砚文化代有
流传的浸染所致，非一朝一夕之功能够企及。

　　第三，一方砚整体上的见工。

　　做一方砚，砚上可以雕的题材很多，不管刻什么，雕的东西怎样，端
砚，整体上看多能见工。砚林中，不少砚种刻的砚，雕刻上或许好，打磨
上看却不见得好。有的砚，构思好，工一般，还有的砚，砚池、砚堂、砚
边看着不错，整体处理上却漏洞频出。

　　第四，整个砚种的见工。

　　端砚的见工，不是体现在个别砚雕家、大师的作品里，而是整个砚
种。在端州，随便进入一家砚店，你看到的砚，一方……十方甚至百方，见

工可以说无处不在。

一个砚种，能出一两个砚雕高手已很不易，要做到整个砚种的砚雕功夫都能见工，能行到这一步的在砚林屈指可数。而端砚，在见工上可以说是独领风骚，独树一帜。

再看端砚的细。

细，是我们常见并习惯使用的一个形容词。很多门类，评价它的好，人们多会用细腻、细致作肯定。在艺术领域，画得好，绣得好，人们多会说很细致。举凡竹、木、牙雕，玉雕，等等，说雕得好，也会说到细。

端砚的细，是雕刻上明摆着的，一刀刀见工见实的细。

比如，端砚刻的荷叶，把荷叶的凹凸有致的边细致地勾画、刻画出来是一细，把边的翘与翻卷、鲜活生气雕刻表现出来是一细。在一般的砚类，以通常的做法论，荷叶刻到这样，基本上算是刻到位了。在端砚，不仅叶要刻到这程度，即便荷叶的荷梗上，我们还能看到，上面刻有凹凸不一的凸，有的还在梗上刻有细密的纹痕，有的梗上，还刻有细小的虫眼。

端砚的细，看得见，摸得着。

端砚做山水，凡是见水有水的地方，多会雕出细密的水纹。一叶小船泊于溪边，船刻得细，船边的水也一定会细细地刻画出来。端砚做山水，讲层层深入，前一层细，再一层还细，到第三四层，你看到的层数，不管几层，在端砚，只要刀能走到，他们一如雕刻上的细，你定会在砚上看到。

对端砚的工细，我以为，不能简单地把它列入事无巨细的范畴、把它作弥工弥俗对待，这样做，难免失之草率。端砚的工细和端砚传统工艺的手法，追求，风格相关。和端砚人一代代延续下来的评价体系，审美取向关联。端砚的工细，一代代的承继所然，是中国传统砚雕手法的稀见遗产。

保留、挖掘、学习、研究端砚的工细，让这样的工细传继下去，哪怕是原汁原味地保护，继承。让端砚有别于他砚，一如地姓端，比一味地想当然地改变端砚，当或更有意义。

六

到安徽，参加中国文房四宝大师邀请展，期间见过一古砚，造型怪怪的，状若铁桶，初看这砚，我自问，这也是砚吗？

这是砚，这砚很不错。一位研究古砚多年的老专家说。

这砚很不错？不错在哪呢？是造型出彩，是做工别出？是创意新奇？对着这砚，我是看了又看，就没看出什么不错来。

从年代看，古砚应是宋以前出的，想那时的人做砚，毕竟是摸索着做吧，那时的摸索，举例来说，就像在暗夜里做砚，要做得不错，难呢。

专家说，这砚是唐砚，品相完好，是大开门的古董。

要说这不错，还真是！

看法，角度；角度，看法。看法与角度的不同，兴趣点的不一，注重点，专攻的不同，得出的结果有多不同。

好比我们当年见过、用过的粮票，一般地看，粮票——它就是买进食粮的凭证。艺术家看粮票，可能兴趣会在形象、色彩、设计、构成。收藏家看，会注重它的收藏方面的价值取向。在买卖人、经商者眼里，粮票里蕴涵着的，可能是他人看不到的巨大的商机。

登高图

苴却石

作者：俞飞鹏

时间：2008年

作品以砚中一细小石眼形成构思，砚的构筑，用色，以及刻于砚中的古龙纹样，独出心裁而别见新创。

七

一方能出彩，具亮点的砚，应是去平滞、去直白，见创意、见工力，同时又能见思想、见匠心的砚。

新近看到一方大的山水砚，作者在砚里雕刻了山水、舟树、烟云、亭台、楼阁、人物，等等，细看雕刻，用刀，工技都不错。

从砚中看，做这方砚的作者，平日显然雕过不少小尺寸的山水砚。刻这方大砚，可能，他想把过去所学都集中在这里亮一亮。这儿，他觉得能安一座小山，安上了；那里，要刻一位古人，他刻出了；山与山之间，应架座小木桥，他架了；山与楼阁之间，还要雕点流云，他雕了。

东加棵松树，西加点流水，南添座凉亭，北刻只渔舟。此砚，应就是这样雕成的。可是，雕了这许多，砚作者想向人们传达什么呢？雕刻此砚的作者想必未明白，不知道。他能做的，就是尽可能在砚上多雕些东西，把东西雕深点，或雕得再细点。

砚林中，很多人会往砚上搬山弄水。很多砚，砚里雕刻的东西，具体，凹凸，深镂，层层复叠叠。可是，砚中看不到作者的整体思路构想，砚上不见自己，不知虚实。砚作者不知什么该要，什么须舍。砚上看到的多是随意地添加，看不到的是料怎么样，他怎么办，刻出怎样的不一样。

达摩造像
苴却石

八

日夜兼程，我奔赴到一个地方，为的、念的是砚，想看看的是用松花石制出的一种名砚。

看到松花石，我惊愕不已，这石奇、巧、妙、怪，大美不言。之前看过太多的关于松花石的彩图，并没留下什么印记。可是，亲眼所见的松花石，那凸立、削俏、灵性、英气、雄奇，却不得不让你心驰神往，心跳、神会。想无奇不有的大千世界，怎会有这许多美石，风华云集于一个叫江源的小小地界，这石，是苍松的花么，是雪化的松么？是，却又非是；不是，又胜似呢。面对这样的美石，我想，刻刀显然已苍白无力，因为，再好的下刀，又如何能胜过鬼斧劈出的万千神奇，千古绝唱呢。

以松花石制砚，名松花砚。古人去粗取精，去表就里，造了很多别样的梦幻，古人造的这砚，由清朝发端，亦随清的消亡而烟散。如今，面对这美美的松花石，当下的松花砚人，该怎样造砚，如何再创出别样的歌谣？

在江源，我看见很多的砚，砚做得比我想象的好，比我以为的有闯劲。江源人做砚，敢想，敢做，敢干，敢创。可是，砚就是砚，文心素朴，风雅淡定。砚可以大巧不雕，却坚拒繁复俗套。即是砚，任你怎么做，只要是做砚，你雕的龙，描的凤、刻的花、镂的草……都不能和砚没有关联，因为，你刀下为的、想的、刻的是砚。

是砚，总有那砚边、砚池、砚堂搁在那。那里边，有太多的格律、约束呢。做砚，是不能得过且过，自以为是的。貌似的砚，毕竟是貌似。是砚的砚，终究是砚。如何登砚堂，入砚室，取得砚的真谛，做出一流的松花名砚，这是松花石，不仅在石，而且在砚的关键、至要、所在、根本。

在江源，我曾问一刻砚同行，问他见到松花砚，有何感想，同道说，石好，石比砚好。

松花石，是好。

松花砚，应好。这好或许是在明年，或许是在后年呢。

春醒

绿色松花石

尺寸：32cm×36cm×6cm

作者：金福生

砚的石形不错，砚石中的天然肌理凹凸有致，作者结合砚石肌理，依形因材细腻下刀。刻画了牧童、农人、小舟、屋舍、飞瀑、流泉、远山、雾色以及影映其间的太阳。

全砚繁而不乱，主次分明，布列得当。精练地下刀，恰好表现出了山石的质感与云雾的飘逸，整体或点或染，造境清新，意蕴幽远。

夜游赤壁

紫色松花石（极品）

尺寸：36cm×21cm×8cm

作者：金福生

砚料呈立式，状如峰峦。

作者依石就形，巧用石色形成构思。砚中，举凡山石、树木、舟船、人物等，作者一一作了入细刻画。全砚构筑新巧，层叠分明，主体突出，尤其人物雕刻，生动而出彩。

指日高升

彩色松花石

尺寸：62cm×27cm×9cm

作者：金福生

金福生的人物刻画，风貌独到。

此砚呈横式，主体雕刻了五人，这五人或听或指，或立或躬，或追或行，刻画细致，气韵生动，各见特点，各具新妙。

砚，于实处见虚，于虚中寓实，整体流溢一脉金贵、璀璨、昂扬、向上的气氛。

猴趣图

松花石

尺寸：45cm×27cm×7cm

料石天然凹凸，形态别出，作者依形就色，以巧雕间俏雕，深雕加镂雕的手法，创作了此砚。

砚，色的点缀恰好，山石的凹凸，随石生发，着刀不多但突兀有致。山石间，桃树下，三只灵猴，童话般地摘吃着桃子，这一瞬，天地悠远，山峦隐叠，一幅如画的仙境油然生出。

牧归

彩色松花石

尺寸：56cm×41cm×7cm

作者：金福生

砚，俏色，深镂，用刀不多，下刀简省。

时近黄昏，一牧童，一老牛，伴着斜阳的余晖，行走在归家的路上。

砚堂中的色彩，应是制砚过程中的偶出。或许，砚最初的构想，未必是这一场景。可从这一场景中，我们不难看出作者在随石生发，因材施艺上的独到与慧心。

桃源行

松花石

尺寸：60cm×40cm×4cm

作者：白万军

此砚，创意灵感源自王维的七言乐府诗《桃源行》。砚描述的是一叶扁舟穿过山谷进入桃花源的情景：远处，重峦叠嶂，楼台亭阁，树影婆娑，花香怡人；正前方，有两位老者，悠闲地品茶论道。作者巧用砚料中的白色，妙刻了砚堂、砚池，使波光粼粼的水面与周围的行云流水呼应，从而成就出一幅美丽而又多彩的砚中桃源。

九

看砚、赏砚，砚友说，有一个方向，就是要"被打动"。反过来讲，制砚者的作品打动人了，无论是砚品还是石品、工艺、心思，只要打动了人，也就成功了。

看砚、赏砚，"被打动说"对吗？也对；不过，被打动，要看在什么层面或何样情形。要打动砚看得多的，眼光独到专业的，一般砚进入眼帘已疲乏的，就实为不易。

比如市面上的龙砚，仍然的一龙头，四龙爪，不变的一身段，一龙尾。龙头一如地向着石眼昂扬，雕刻一如地镂得空透，一方方龙砚，基本都这样做。没看过龙砚或没看过这样雕龙的，就有可能被打动，对看得多的内行而言，这样的砚，想让眼睛在砚上多留一会都没法。

看一方砚，看它的什么呢？看它整体呈现的砚气象，看它的意境，蕴涵。看它的因石构筑，以及构筑后的具体的工艺技巧。很多砚，你也就是一看而过，看看就过了，而有些气象夺人的好砚，你见了，会不得不一看再看。

平平的砚，总是平稳，方方好，处处圆，平得不敢越雷池一步。一般的砚，你总是时常看见，甚至于视而不见。构图那样，雕刻也那样，至于气象，无所谓有，亦无所谓没。

别具气象的有意蕴的砚，会好到你的骨子里去，令你翻来覆去地想，甚至于想得无法入眠呢。

开元聚宝
苴却石

十

现阶段，以山水为题的砚产出较多。

端砚的山水，着力于山峦的层叠与变幻，雕刻一如地细腻。歙砚的山水砚，虽有刻得细微的一类，占市场主流的，仍以写意砚居多，其中，在大写意的山水架构里，点缀一两个小亭，工刻一座小桥或精雕一舟，在歙砚山水中广泛习用，市面上也最为多见。

苴却石的山水雕刻，起步甚晚。就目前现状看，主要手法是两类，一类是深雕山水，一类是浅浮雕山水。苴却石雕山水，因为有黄礵，绿礵等明丽色彩，雕出的山水砚，多鲜丽夺人。浅浮雕山水以徽派为主，俏色，巧雕，楼阁隐约，云遮雾绕，点到为止。深雕山水，深刻，实雕，举凡山石、丛林、渔舟、屋宇，均施以实在雕刻，这类山水亦俏色，用色，强调色彩的挖掘呈现。制作时能抓住砚的基本构造，抓住大的感觉，从砚池的大小、深度，砚堂的基本要点入手，注意了砚池、砚堂与雕刻的相合，构思上也在有意识地注重砚形与石色，画面整体不小气，不拘谨。

砚是砚。有自己独具的语言。砚上雕刻山水，是以山水来美化砚。山水入砚，可以以小见大，可于方寸之间见万千气象。山水这一题材，喜爱者甚众。以山水入砚，在现时乃至今后很长一段时间，会一直比较热乎。可山水是山水，砚是砚，如何把砚和山水作一有意思的融合，这是困扰制砚人的难题，也是当前很多山水砚普遍存在的问题。

洞天一品
苴却石
作者：俞飞鹏
时间：2006年

作品集浑朴天然于一身，神韵独具，气象别开，堪称数年之难得。

十一

砚做出后，面对很多的品评，有人说好，有人叫好，也有人摇头。

我以为，说砚好，你做的这砚未必真就好了，说不好或对你做的砚摇头，你这砚也不一定就真不好。

好与不好，在说话的人角度、观点，在说话人对砚的了解程度，认知程度，还在说话人本身。有人看到大砚，巨大的形态样式，于是脱口而说，这砚好啊，这么大，稀世珍宝，了不起呢。有人看到砚上天然的色彩、石品，也不管这砚构思、雕刻怎样，也会看着就叫起好来。还有的人，喜欢砚上的雕工，也有的人，喜爱一方砚的意境，因为喜好，这类人也会面砚而叫好，再有，有的人天生就爱说好话，好与不好的砚，在他嘴里一概都是个"好"字。

砚是砚，有自成体系的语言，有自身的文化，有自己的特色，有好的方方面面。不同砚种间，不同的砚雕家，风格、特色、个性不同，砚的表现不一样，出彩不一样，独到之处亦无例外地不一样。

说到好砚，我以为，至少，作为砚，从砚料上说，石材、石色、石品、石形、石质要好。从工艺看，构思、创意要因材施艺，要出奇巧而别开生面，雕刻工艺要深入浅出，工夫要下到位。从砚本身看，因为做的是砚，雕的是什么，雕的物象像或不像是一方面；砚的语言，砚的文化语汇是否具备是另一方面。

我在博客上，看到不少的人在谈砚、论砚，说砚，关心砚，这是好现象。其中有不少涉及此砚、彼砚的好与不好。我想，面对好与不好，制砚人最重要的是冷静，再冷静。不必沉浸、迷醉于其间的叫好，更不必为一般人的叫好而不知天地高厚，头脑发热。

做砚者，重要的是自个儿要懂砚。做了一辈子的砚，要是何为好砚自个儿都没搞明白，那才叫遗憾呢。

风池又记

苴却石

作者：俞飞鹏

时间：2007年

砚以相错相叠的方式，在料石上出人
意想地开出风池古砚，从而成就新奇
的今古寓合。风池边角多有残缺，砚
池陈泥淤积，巧石眼而刻的蜘蛛盘于
砚堂，自在地编织着梦幻。

砚中，石形与风池的略略相错，最见
神来，这稍稍地一错，活泼与佳妙由
是顿开。

高鸣图

苴却石

作者：俞飞鹏

时间：2010年

飞鹏偶尔做鹤，寥寥数刀，表现的
是高鸣向月的士人品性。

十二

这些年，飞鹏接到的参展函件不少，要说参加，却是少了。今年，我先后出外参加了中国历代名砚展，中国当代制砚大师作品邀请展，创意合肥砚文化发展高层论坛。

展会期间，听到张淑芬先生及一些藏砚家、爱砚家关于砚的声音，也听到了些平常听不到的别样砚音。这是砚文化的幸事，也是砚雕者的乐事。以下，就这些砚音聊聊。

1. 对古砚与新砚

有雅好古砚者，藏了数十方古砚，带到离展厅不远的一处摆起。说到古砚，他总是眉飞色舞，甚至违心地把不好当好。说到新砚，总是一脸不屑，认定新砚不如古砚。

观点：古砚固然有好的，古砚全好却不然。宋以前的古砚，艺术上大多不怎样，这是不争之事实。新砚虽说有这样或那样的不好存在，如模式化，商品化、市场化的砚多，一味地贪大，一味地满雕，等等。但是，新砚里边亦有不少堪称优异的作品。一概地认定新砚不如古砚，盲从也好，盲目也罢，显然不够客观，实在也无必要。

2. 对端砚与歙砚

这砚那砚，都不如端、歙砚。只有端砚、歙砚才是好砚。

观点：端砚、歙砚有好砚，但绝非全是好砚。好砚，在石好加砚好。端砚、歙砚中，的确不乏石好，雕的艺术也优的好作品。可是，也有非常一般的砚。看一方砚的好与不好，现在是设计、构造、手法、工夫、气度、意象，高低文野，作者是否为名家，砚石的坑点、品地，等等。好像都要看。

我以为，砚的好与不好，关键在你做得怎样，做出何样的砚。你可以用端石、歙石做，也可以用其他的砚石做，个中的成败高低，不全在你选用的砚石品相如何，色彩怎样，归根到底是砚做得怎样。

俏色雕竹节砚

歙石

3. 对大砚与小砚

大砚一概不好，小砚再小也好。

观点：砚，以相对大小为宜。不必贪大，也别一味做得太小。作为砚，好与不好，实在不应以大小论。砚不一定是越大就好，做得大就做得好，也不见得小就是好。对过大的砚，我的观点是，一要少做，二要慎做。为什么，其一，大的砚料难得，珍稀，罕见。其二，大砚是一大工程，要上马做大砚，一定要慎重考虑，三思而后行。

砚林中的大砚，这些年一直在出，大砚，大是一方比一方大，好却难以达到，好也难以见到。因为，上马做大砚的，多是匆匆忙忙上，匆匆忙忙做，不少做大砚者，多有做大砚的胆，多缺乏做大砚的实力。很多大砚，只是在很大的砚料上堆放了东西而已。

砚有自成体系的语言，有相对稳定的大小。小如新华字典，大若普通书本的砚，这样的大小应比较适度。我不赞成一味做大砚，同时，也从不认为过小的砚是好砚。

十四

　　杨总开有一家四宝公司。这天，决定进一批砚，他带着几个小青年，来到了砚市。

　　他们到了做砚的王大师那，其时，王大师正戴着眼镜，雕刻一方山水砚。

　　这地方的砚市，其实不成市，东边开有几家，西段也在开。离开王大师那，东转西转，不一会，他们又来到一家砚店。这店，门面不小，店主人见有顾客上门，又是开灯，又是上茶，又是递烟，很热乎。店里摆了很多砚，规格有大有小，题材有古有新。杨总看了看，没说要买哪方砚，而是随意地和老板聊了起来。

　　杨总：我刚从外地来，听说你们这有个做砚的王大师，砚做得不错。

　　店老板：王大师，我们是老同事，好久没见到他了。

　　杨总：王大师自己亲自做砚吗？

　　店老板：现在是否亲自做砚不知道，以前看过他做。

　　杨总：你这里的砚价不低呢。

　　店老板：价钱不用担心，好商量。

　　杨总又问：王大师开有砚店吗？

　　店老板：不知道，听说他搬家，出去了……

　　杨总心里想笑，表面却不露声色，他一边问一边看，话问得差不多了，便转了出来。随后，他又转了几家砚店。跟着他东跑西跑的几个年轻人，一脸的不解。杨总，这是要干吗呢？

　　三转两转，他们又进了一家砚店。这家砚店，砚不是很多，但看着不错，杨总在店内略转了一下，又开问了。

　　杨总：向您问个事，听说你们这有个做砚的王大师，他在吗？

　　店老板：在。

　　杨总：他做砚吗？

流水秋林图

石出婺源砚山水坑

尺寸：17cm×17cm×4.5cm

作者：吴华锋

砚依形巧色，或点或染，随石赋形，依心造境，举凡山石、林木、流泉、溪桥、人物、舟船、栈道，等等，皆能刻画精妙，深入细理，全砚融巧石与俏刻于一体，于精湛中见浑朴。

国宝

苴却石

尺寸：58cm×34cm×5cm

作者：俞飞鹏

收藏：梁波

该砚，构思阶段曾数易其稿，可谓几经反复。

砚定格在熊猫题材，缘于砚石本身。全砚融天意、人为、石形、砚式于一体。砚之成就，在相石的发现，在灵感的忽来；对砚本身的把握和雕刻时恰如的拿捏，亦是成就此砚的重要环节。

店老板：做，在做砚。

杨总：他开店没有，你知道他在哪吗？

店老板：走过这条街，前面有个望湖楼，他就在那……

杨总：好，你不用说了。

砚老板一脸不解，问：先生，我说错了什么吗？

杨总顿了顿说：没说错，没说错。我问你王大师的情况，在很多店都问过，其实，王大师那，我们才去过。你们开砚店的，有说不知在哪的，有说王大师做不来砚的，有说王大师搬走了，不知去向的。

店老板一脸困惑：那？

那天，杨总到他那买下了20多方砚，还下了订单，订了30方砚。

这是一个店老板告诉我的真实的砚林故事。

十五

　　肇庆，有很多不同层级的制砚人。行走在肇庆城区，不经意中，一两家砚店就会迎面而来。

　　到端州，我想有选择地走访几位砚雕家或大师。我想看看，问世于唐朝，名重于宋代，饮誉于明清的端砚，在当代端砚砚雕家手里，是如何继承？又作了怎样的新探索。

　　梁健，广东省工艺美术大师。他刻的砚，听说有些别样，我决定去看看。

　　我们驱车到了一地，停好车，走进一条窄而短的巷道，到了他的工作室。据了解，肇庆市的大师、砚雕家，有不少开有自己的工作室。砚人的工作室，多是一工作间，一成品陈列室，

　　梁健的陈列室里，摆满了大小不同、形状各异的端砚。

　　他画画，工作室挂有几幅国画，画画得大气，响亮。

　　梁健刻砚，爱刻荷叶。他刻的荷叶，不按荷叶的古法雕刻。端砚、歙砚的荷叶，传统的刻法，都以工刻手法为主。梁健的荷叶，取端石的自然外形，巧端石的天成色彩，下刀大刀阔斧，手法是大写意的，甚至是劈斩出的。

横风吹雨归牧忙

端石

作者：梁健

我亦闲中消日月

端石

作者：梁健

　　梁大师的工作室里，放有五块大小不一的端砚石。大块的砚石接近普通报纸的半个版面，小块砚石也就如一般杂志大小。他提出，让我猜猜这五块砚石当前的市价。

　　一年前，在婺源，一个同行也曾拿出砚石让我猜价，那块出自家乡的砚石我没猜出。想现在见风就涨的砚石，我是肯定猜不到的了。

　　梁大师告诉我，这几块砚石，2003年，他花两万多元买下。这两万多元，在当时是非常高的一个价钱。现在，五块端砚毛料，市价已攀升到100多万。

　　陈洪新，端砚的老砚雕家之一，广东省工艺美术大师。曾经是广东端溪名砚厂的设计室主任。早年，还在江西婺源龙尾砚厂，任设计室主任的我，看过他刻的一方鱼形砚的图片，那砚，砚形如鱼，作者随形就石，下刀不多，读来别开生面。当时的我，对砚的认知就那么一点点，以为刻砚，就如我从书本中见到，以及厂里看到的那样，没想到，端州人可以这样刻砚，可以刻出这样别具品味的砚。

浴牛

端石

作者：梁健

年岁不轻的他，一直在坚持刻砚，他刻砚的地点就在家中窄小的阳台上。

在他家中，我看到他刻的绿端荷叶砚、瓦当砚、竹节砚等。绿端荷叶砚，陈先生说，是他早年的作品，砚刻得认真，荷叶的形，叶脉，荷叶边的凹凸变化，刻得细腻到位，下刀有物。他做的砚，没有太多的花活，但是雕刻的地方，一刀刀总是细心走到。他的砚，就如他自己，话不多，但透着实诚。

有意思的是，在他家中，我见到了早年看过图片的那方鱼形砚，那砚，陈先生早已陈列起来，罩在一个方形的玻璃罩里，置于家中一个显要的地方。鱼形砚，横式，静静地躺在那，鱼头、鱼身、鱼尾，看着并不具体，也见不到什么鱼鳞，但分明是鱼。作者铭于砚上的几枚印章，有意味地一方方铭在了鱼的身上。当年刻这鱼，为何这样刻？印，又为何这样铭？是突发奇想，还是神来妙笔？

砚是砚，不过，一方浸润作者心智的砚，蕴涵的是砚雕艺术家对砚的认知、把握、解读、深研，体现的是砚雕家综合的功力及多方面的学养。

陈先生画得一手不错的工笔画，篆刻也拿手，砚铭亦刻得刀刀见功。近两年，我们在博客上多有来往，其中亦见过他的不少新作。陈先生说，因为年复一年地刻砚，他现在时有头晕症状。

在他小小的工作室，看他简单的家，我想了很多。想我们同好砚雕艺术，想我们都不善营商。想一个人一生为砚雕艺术做坚守的诸多不易，想人生的苦短，想总有一天，我们都一样，会再也刻不动砚。想打小就记得的名句"丹青不知人已老"。

那一夜，洪新陪我到很晚。

他走后，我躺在床上，仍然在想，久久未眠。

鱼形砚

十六

婺源县城，路遇一制砚者。

早年，婺源县城成立了第一家砚厂。砚厂的人员，来自县城的四面八方，其中会刻砚的，有不少来自乡间。

也就在1985年前后，婺源龙尾砚厂的人员，忽地觉得，在婺源，能刻砚的，不再是仅此一家了，在婺源出砚石的溪头乡砚山村和大畈乡，有不少人开始悄悄地刻起了砚。他们悄悄地刻，然后将刻好的砚背到邻近的黄山或歙县出售。

这样时间不长，婺源乡镇挂牌成立了砚厂——婺源大畈鱼子砚厂。

我遇到的这个人，过去一直在乡间制砚。现在，他告诉我，他在县城开了砚店，买了房子、车子，家也搬到了县里。

他刻砚多年。还在供职龙尾砚厂时，我已看过他的不少砚作。他砚刻得细腻。细，不能证明一方砚就好，一味地细，很可能会把砚刻得不够好，甚至不好。我喜爱的，是他砚中蕴涵的淡淡的静气。那样的静气，是年复一年浸润于乡间老屋，得山野灵性，不问世事，埋头砚艺的人或许才有的。

几年前回婺源，有个朋友说，他认识一个刻砚人，人长年在乡间，边种田边雕砚，砚雕得可好了。开始，我只是听听，其一，朋友对砚的认识不深，好与不好，他说的未必对。再一个，想我们学刻砚，在城市见多识广，很多人刻的砚也就那样，一个埋头于乡野的人，能刻好砚吗？

后来，在朋友的再三推荐下，我终于还是去了。

为去这个雕砚人家，我们专门开了车子，乡间小路难走，一路上算是经七拐历八弯，终于停下车，又经过一段步行，我们到了这个人的家。

我见到刻砚人时，他的裤腿还是一高一低，挽起的。看得出，他是听说我要来，专门从田里赶回家的。

他刻的砚，大小如十六开的书本，一方方砚雕得都不大。砚面风貌是介子园的。《介子园画谱》里边的画，大写意、小写意的都有，工笔，细

鹊桥相会

歙石老坑金晕

尺寸：28cm×22cm×5cm

作者：汪新荣

腻的极少，但是，他刻的，展现在砚里的东西却是非常工细。

工，对做好一方砚而言，已是不易，工而能入细，对一个钻在乡间刻砚的人来说，要经由多少的艰辛、努力才能达到？面对我家乡的、年轻的制砚人，看他刻的砚，一时，我实在想象不出。

早年，我临过一段时间的介子园，我知道，即便是照着画，十六开大的画，要画细致都不容易。而他，一刀刀刻在砚上的画面，已不仅刻得能见工，且还能刻得入微入细，这，实在令人刮目。

十七

  歙砚，一直以来，江西婺源、安徽歙县都在刻。曾经，两地各办了数家砚厂，你刻你的，我雕我的，你那样雕，我这样雕，两地形成过各自的特色，但是，总体让人感觉也就那样。

  制砚形成了模式，制的砚翻来覆去似乎雕不出新意。一次，上海外贸的人来了，他们专程到一家砚厂选砚，看那些砚，花草倒是雕得热闹，可砚的基本概念已刻不到位了，于是，他们告诉厂长，你们做的砚，我们这次就不进了，等你们搞明白什么是砚的基本概念再说吧。

  现在的歙砚，仍然是江西婺源、安徽歙县在刻。但是，现在的歙砚，创意思维已十分宽泛，砚雕手法早已不拘一格。砚见人文特色，灵性，自由，所刻各不相同，却寓法度于其中。很多人在探讨砚雕，他们琢磨着

九龙戏水砚

砚，想怎么刻砚，刻什么样的砚。现在的歙砚，有太多的人刻得好，可他们还觉得刻得不算好，还不怎样，继续地还想刻得更好。有人专攻人物，刻出了自己的特色。有人寄情山水，一个人在自己的天地里，寂寞耕耘。

　　他们之中，有的打小生长在农村，没读过什么书，有的不知道画素描。为把砚刻得更上层楼，现在，有的正在美院读书，有的计划着自己的进修，有的正在作着出外考察的安排。很多歙砚人，出门刻过砚，或广东、或四川、或宁夏、或河南。他们刻的砚各有专攻，有自己的角度，偏爱各不一样，不千篇一律，有自己对砚的解读与诠释。

　　裘新源，婺源砚艺轩的创办人，1990年后开始拜师学习歙砚雕刻，现为中华传统工艺名师。他曾到四川攀枝花雕刻过苴却砚。目前歙砚历史上最大的一方巨砚《九龙戏水》是他从攀枝花返回婺源后创作的。

　　《九龙戏水》，高2.8米，宽1米，砚全重达3吨。砚上雕刻有9条巨龙及18只神龟。

以龙为题材雕刻的砚，大大小小我见过多方，此砚，在婺源看到时，却给我带来了不一样的震动感。

砚，整体气度不凡，构筑立体，造势夺人，细节精彩。面砚石而制砚，可以有多样的追求，有人制砚偏爱细腻，有人制砚尤求动感，有人重意境，有人重构筑。以端砚、歙砚的龙砚看，做出的龙砚，追求工细的多，体现传统相貌的众，裘新源的这方龙砚，追求龙的腾跃气度与神来意象，讲究龙的主次幻变，形神意现，全砚不是九条龙的罗列与摆弄，而是有亮有隐，亦露亦藏。尤其龙与水的升腾化变，起承转合，大效果与小细节等，刻画得具精妙而见精彩。

九龙戏水砚，非传统的端样、歙样，它是裘新源独具的心造，亦是已出的砚林巨制中难得的珍稀之作。

几乎是过一段时间，你就会看到不一样、各有千秋、各持己见的歙砚，各具特色、各有所长的新砚。这，是歙砚的可怕。

十八

新一届直却砚展登场亮相，我和几个评委，特地去展厅看看参评的砚。

参评者带着承载梦想的砚来，是想要评个奖，竞争个优劣高下的。想想多年前，我也把砚带到全国展上去评过奖，品尝过得重奖拿第一的兴奋与荣耀。当年，我曾经有过这样的祈望，想在评奖期间，能遇到懂砚高人。制砚名手，他能看出我的砚优在哪，不足在哪，应作什么样的改进，再刻得好点，会怎么样，好的砚，当是怎么样，等等。不知如今的参评人，他们送砚来的心境怎样，是否也若当年的我。

展厅里摆放了很多的砚，有的似曾相识，有的早就熟识，有的没见过，算是风韵初露。从个别山水砚的雕刻看，有些雕刻者学砚时间不长，下刀还较生涩。主体不够突出，近景、中景、远景关系含糊散乱，反透视现象明显。

做砚做砚，看着都在做，做的都是砚，可做出的却各有不同。有人做砚，只知道一味地重复，重复古人，重复过去，重复自己，于是，做来做去，砚都那样。有人，总想把砚做像，在像的阶段做着努力。也有人，一边做砚，一边想着在砚上做出点不同，创出点新样。

我想，一个技术层面不错的制砚者，天天刻，天天想，最要找到的是什么呢？是找到像砚的感觉？还是找到好石品，好构思，好图案？乃至好卖相？是的，作为砚，这些都不可小看。但，最重要的，关乎一个砚雕者成败的，砚雕者要找到的，是什么呢，我以为是腔，是最适合自己做砚的腔。

腔，是最利自己发挥的语言，是最具优势的自己的长处。腔，是自己和别人的不同，腔，对自己味，合自己性，可这样的腔，这样的方式，语言，长处，它在哪？如何能找到？

砚林中，有人找到了腔，有人没找着。有人天天做砚，终其一生，不知腔是何等模样，即便遇着了，也放跑。

十九

一方价值不菲的巨砚，形态、色泽、石品要古今稀见，构思创意要别出心裁，能出新意于料想外，寄妙理于法度中。即便题材不新，创意上一定得别开生面，让人感到非一般的构想能及。雕刻上看，手法或浅浮雕、或深浮雕、或镂空雕，无论从整体还是细节看，雕得精彩精湛，精妙绝伦。

大砚因其特大的块头，是可以以大夺人。

攀枝花苴却砚，时而也出大砚。我看大砚，不爱看个头，因为大砚的个头，实在是大外有大。前些年，我在一朋友处看砚，其间谈到大砚时，我说已知的特大之砚，已达九吨重，朋友说，最新报道的国内最大的砚，重量已是数十吨了。

我看大砚，也就看看局部或细节，因为看到的大砚，几乎都不整体，无整体。即便这样，我还是很少看到刻得好的、值得称道的细节。原因一，刻大砚者多具平常刻小砚的功夫。是用小砚手法来刻大砚。以小砚的格局，胸襟放大刻砚，这样刻，当然难以刻出具水准的大砚。第二，刻大砚者，用心不在大砚本身的创作，而是别有谋求，这样出笼的大砚多是盲目上马，说刻就刻，雕到哪是哪。所以刻出的大砚，最后多是匆忙了结，草草收兵。做出的多半是砚石看着很大的空洞无物的大"东西"。

时下看到的大砚，雕琢的多是龙，这样的龙砚，也就做了点搬古人今人的龙形、龙相、龙雕工艺工作，且这搬运工做的工作，还不一定搬得好，雕得美。

名贵的砚石资源，是不可再生的珍稀。草草地在不可再生的、难得见出的巨大砚石上，炮制出不知所云的大砚，我看了常常心如刀割。这样做大砚，实在地说，对古人，今人，自个儿，后人一概都对不起。

水波金星

二十

在肇庆，面对端砚的大师、砚雕家、爱砚家，我谈过黎铿先生的《星湖春晓》。

这方砚，《中国当代名家砚作集》一书出版不久，有位砚林同道就曾来到我的工作室，翻开书，点着这方砚，执意地想听我谈谈看法。《中国当代名家砚作集》，全集收录20位中国当代著名制砚家的作品，书中介绍的第一方砚，就是黎铿先生的《星湖春晓》。

这方砚，砚林中有很多议论评说，不少人喜欢拿这砚说三道四，自然，这位同道也有意见。我想了想，对这个执意要听我谈砚，且点名要谈黎大师作品的砚林人，谈了如下观点：

其一，《星湖春晓》是黎铿先生取材于现实场景，以写实手法创作的作品。在他创作此砚的当时，中国砚界，不少砚种还停留在雕龙描凤阶段。当时，贴近现实生活，取材现实场景，以写实手法用于制砚创作，对砚林人来说，只是概念上的事。黎铿先生能于当时做出《星湖春晓》，无疑是另开了制砚新径，这是《星湖春晓》的独到，是值得肯定的重要方面。我们常说，做砚要别开生面，要不流于一般。此话说说容易，而真正在创作上做到却不易。

其二，我对同道说，你刻砚，擅长浅浮雕，接受的是浅浮雕的制砚砚理，形成的是你的不一样的评砚观念。其实，不同砚种间、不同文化背景的人，看砚的角度或多或少都有不一样的一面。

中国名砚种类多样，相异砚种间各具的地域文化，形成各异的砚雕语汇。如端砚的端庄与工细，歙砚的秀雅与灵逸，鲁砚的素简与朴拙，澄泥砚的意造和色泽美，等等。风格的形成和审美取向不一相关，不同的地域文化和审美取向，造就了风采各异的砚刻文化。从砚雕艺术的发展看，砚艺事实上需要这样的不一样，因为有这不一样，中国的砚雕艺术才各具特色，非千篇一律。

所以，看《星湖春晓》，在了解端砚文化的前提下，结合端砚的审美角度看，或许更为客观。

其三，我们自己做砚，都在尽其可能地把砚做好。但你我都明白，我们认为做得好的砚，别人看了未必认同。还可能，你横竖看了觉得有问题的，那问题在别人眼里，却不一定是问题。

你我做砚，讲求完美的心境比较典型。可我知道，自己以为完美的，别人未必一样认同。过去自己觉得完美的砚，现在或将来再看未必完美。黎铿先生的《星湖春晓》，好与不好，完美或不完美，情理如是。

其四，我们的砚雕艺术，现在已有长足进步。我们看《星湖春晓》，用的是当代进步、专业的眼睛，审视的是黎先生当年的作品。若有可能，让黎先生重刻《星湖春晓》，我相信，他再刻的《星湖春晓》，当会有很多新感触、新想法、新技艺融入。

同道问，您不觉得《星湖春晓》，云刻得有问题么？

我说，是的。一方砚，有问题很正常。黎铿做的也好，你我做的也罢，我们都难做到完美无缺。

古汉遗宝

苴却石

劲节

苴却石

流变

砚是石器时代的产物。

石器时代出产的石斧，石刀等石器，大多已作为历史陈迹，陈列在博物馆里。而砚，几经幻变，却活着并遗存下来，延续至今。

注一泓清水入砚，于几净窗明中，持墨轻磨，如入辋川。

一

产生

原初的砚，主要是对有颜色的固体如石墨块起轧、碾、研，甚至砸、敲方面的功用，初始称为研，之后称作研磨器。

从石器时代的研磨器看，当时的所谓的砚，其实就是两块无特定形态的大小不一的天然烁石，大的作底，中部微凹，状若盛物之盘，称研磨盘。小块居上，起轧、敲等作用，因形似棒，称研磨棒。

金田铸古

苴却石

尺寸：31cm × 23cm × 8cm

作者：俞飞鹏

收藏：梁波

砚形天然，作者俏其色，在色的深浅化变中或点或染，亦工亦写，作着繁复而深入地细腻描述。全砚丰富、高古、厚重、浑朴，可谓不可多得。

二

形成

研磨器以后，研称为砚。

砚有相对确定的面貌，始见于汉。汉砚，器型是扁扁的正圆形，以陶、泥砚为主。陶、泥砚，是人工和水拌泥，于泥的半干状态做成砚形，经烧制成砚的一种早期砚类。汉代，已见批量产出。从出土的陶、泥砚看，当时的砚已初具砚边、砚堂，无特定砚池，砚底留足，以三足居多。

魏晋时期，出现砖砚和瓦砚，两晋时，居多的是青瓷砚。青瓷砚，砚身施以青绿色釉，砚堂为便利研磨，则特意保留了瓷胎本色。青瓷砚，造型以三足，圆形最为多见。因为使用效果不错，青瓷砚成为当时较为流行的砚类。考古发掘中，江西、浙江、湖南、湖北、四川等地均有见出。

这一时期，中国北方地区出现了一些方形砚，有的砚身上还饰有华美的雕刻。如1970年出土于山西大同的北魏石雕方砚，便是一有代表性的方形砚。

蕉阴浴牛

苴却石

作者：俞飞鹏

时间：2011年

宋坑箕形砚

端石

伴随着造墨技术的进步和发展，砚与研磨棒也于这一时期出现分离，完全独立的砚开始出现。

唐代，瓷砚仍然是继续使用的一个砚类，形态还是圆形居多，有三足，也有多足合围样式，除瓷砚外，还有石质、陶质、铜质、铁质、漆质、玉质，等等，品种渐趋多样。

砚林中有标志意义的箕形砚，出现在唐代，大形类似簸箕。其特点是，前端内敛，后部奔放，整体如"风"字，前端以箕肚着地为足，后部两足支起箕身，后略高于前。

箕形砚的出现，使一直以圆形为主的砚，出现了新发展。

从汉砚到唐砚，走走停停，直到发现了端石、歙石。

端石，出自广东省肇庆市。歙石，出自古代的徽州婺源（现今的江西省婺源县）。这一时期之后，陆续出现的还有山东的红丝石等诸多名砚石。端石、歙石的出现，让砚在转悠了几大圈之后，重回石质质地。

三

成熟

硯走向成熟的重要阶段是宋代。从汉代一直沿袭下来的硯足，除了在抄手砚、太史砚上，我们可以得见"足"的痕迹，事实上已从有足过渡到无足。砚的架构，比例关系成熟于宋代。宋砚，砚的长度、宽度、厚度以及大小更趋便利、实用、合理。砚池、砚堂、砚边等有了明确的界定。

宋代，出现了后世誉为典范的抄手砚。

抄手砚，器型厚实，竖长方状，整体前窄后宽，前低后高，有的还上宽下窄。砚底三边着地，以前低后高方式掏空，可一手端提。

约略看，抄手砚多少还留有唐箕的影子。但是，从砚式看，抄手砚已具端方正直之态，尺度已非常严谨，这与前砚大有不同。进一步看，抄手砚的砚边、砚池、砚堂分工已确定。

抄手砚之所以被后世誉为典范，其一，问世于宋代的抄手砚，是经过整理改进，承继了砚的要素后的更规范、更合理、更实用的砚样。其二，抄手砚为后世砚制开了先河。我们现今所看到的正方形砚、长方形砚、椭圆形砚等稳固的器型，皆是在宋以后得以形成。尽管在宋以后，人们喜用自然天成的砚石为砚，喜欢返朴，砚的器型不完全是规范的形态，但宋砚形成的架构、比例关系，至今沿用依然。

花好月圆

歙石

四

高峰

明清砚是砚雕技艺发展的高峰。

明清时期，砚雕技艺日臻成熟。砚制由宋砚方正严谨的样式，朴实端庄的风貌，转向自然随意和不拘成法。随形就石的多样化形态，可以看出这一时期砚艺思维的宽放随意。从砚雕题材看，举凡楼阁山水、松梧人物、花鸟虫鱼等题材已普遍而多见。雕刻手法上，深浮雕、浅浮雕、圆雕、镂空雕、减地平面刻、阴线刻等已广泛运用于砚的雕刻。

这一时期，亦出现了不少砚雕名家。如巧悟天授，制多独创，琢砚精妙绝伦的江西婺源人叶瑰。世居婺源龙尾山，翎毛、草虫、花卉莫不精工，尤长于素石或顽石制砚的安徽歙县人汪复庆。以精巧秀逸、风格古雅而名重一时的浙江杭州人黄易。以应材施艺，天趣浑朴饮誉砚林的女制砚家顾二娘，等等。

环渠砚

茁却石

尺寸：28cm×18cm×9cm

作者：梁波

环渠砚，多见于严谨、规范的旧式古制。此砚依天然石形做环渠，却也做得别开新面，颇具姿采。

作者梁波，爱砚如痴，时常来我工作室看我刻砚。此为他学刻的一方不落俗套的求新之作。

五

制砚的流派风格

制砚走到明清时期，形成了几个主要流派。

1. 端砚流派

端砚流派，世称"广作"，手法上以深浮雕、镂空形成特色。要点一，注重雕刻整体上的端庄、严整。要点二，雕刻精细，做工讲求入细。要点三，风格传统。

2. 歙砚流派

歙砚砚雕，称为"徽派"，手法以浅浮雕为主。要点一，讲究砚形的方正古朴，重视砚的形态美。要点二，注重线条的灵动秀雅，侧重于线的造型表现。要点三，重自然，推崇略加琢磨、半留本色之作。要点四，重意，雕刻长于写意。

3. 海派

海派砚雕，发端于苏州、无锡、上海一带，其风格起始于明清时期，代表人物为陈端友先生。海派砚刻精工细腻，注重写实。从造器、砚式、大小、比例，到砚的雕刻工夫都很注重，是技巧表现、艺术风格独具的一个流派。

以上几个流派，端砚风格体现在工精，突出在"工"字。歙砚风格流溢在秀逸，突出在"野逸"。海派风格表现在细，予人的突出感觉也在"细"。

乐舞图

苴却石

六

砚题材上的古今变化

当代用于砚雕的题材，可以说十分丰富。

比如人物。常见的就有佛教题材，仕女题材，等等，当代人物，也时有在砚雕题材上亮相出现。

人物的手法，有越来越注重形体比例，雕得准确、立体、写实。有以严谨、细腻的工笔手法，雕得入细入理的；有如国画兼工带写的；还有专门将古画中的仕女、渔人、文士等，临摹复写到砚上，有意仿造出那种效果的。

当代砚雕上的人物表现，有以一方砚雕刻一人的，亦有一砚上多人出现的。可以说，只要愿意，砚上想雕多少人物，想用浅雕、深雕、镂空雕，甚至于圆雕形式表现，已不是问题。这和古砚上见到的人物，已有很大的不同。古砚上的人物：一是一方砚上，人物出现少。二是浅刻浅雕多。三是一味仿古的多。四是人物的雕刻手法单一。

再比如山水。古砚雕刻山水，多见工笔手法，稀见大写意手法。当代的山水砚，仅手法上已是应有尽有。工笔、浅刻、深雕、镂空、薄意、大写意手法等，在砚雕上均可以看到。

在砚上雕龙，古代砚中常有，当代砚中，雕龙的手法千奇百怪，雕出的龙也是千姿百态。古人雕龙砚，讲古意，讲做工。清代刘源的双龙砚，双龙神出于云水环绕中。龙，见精神、见妙巧，云，见细理、见精练。举凡疏密、大小、主次、深浅、镂空、等等，皆见细微、讲究、入理。时至今日，此砚仍值得我们揣摩学习，研读领会。相比古代龙砚，今人雕的龙砚，砚的个头是越做越大了。过去一方砚上雕一条龙或双龙，现在一砚之中雕五龙、九龙的多了。更大的五十六个民族五十六条龙，还大的百龙巨型大砚等亦常出现。想古代制砚者得见今日之巨大龙砚，他们在惊愕、惊讶、惊大之余，也只有望大生叹，甘拜下风。

古砚中，占大比重的实用砚，比如规范、严谨的长方形素砚，椭圆形素砚等，现在市面上已越来越少见。

古砚中，过去砚厂里时有见出的对称回纹边饰、围饰，这类古典、传统的图案题材，现在市面上日渐稀少，只有极少量的砚种，偶尔产出。

琵琶行

端砚、宋坑、火捺、晕

尺寸：31.5cm × 19.5cm × 4.5cm

作者：梁树彬、陈炳标

一方砚的好，可以好在因材施艺或刀工精细，琵琶行砚的好，好在因材施艺的不一般化，好在工之细微且能恰如其分，尤好在砚中飘忽着的难以雕刻的冷僻、孤零感。

作家钟道宇认为，此砚，石品之"晕"有如珠落玉盘，石料上天然的深色火捺，又似一脉闺怨之气，裹卷着苍茫暮色，升腾，蔓散开去。紧致，多层的圈纹以及内外色差，加深了画面的纵深感，加上火捺的斜斜外散，予人以横阔及流动的感觉。人物的端坐静谧，如绕梁余音犹在，不禁让人溯章觅句，触景生情，心有戚戚。

七

砚的古今同异与分化

砚的形制，现代砚与古砚已有很大区别。

传统的实用砚，已少见量产。现在，我们在不同砚市、不同名砚产地，随处可见的，多是随天然料石稍加处理的随形砚。

当代砚雕的雕刻技艺，占主导地位的一是端砚的深浮雕刻，一是歙砚的浅浮刻法。两大流派的地位，时至今日稳若泰山，无可撼动。

从具体的砚作上观，古人制砚，砚中流溢的多是静气，今人制砚，砚中最缺的也是这种静气。今人雕砚，从已雕出的看，很多砚，看着只是雕得差不多，严格说还可以再精雕深刻。可是，这样的砚，大多都已是雕好的成品。一砚的雕刻，难以坚持尽精尽微，刻出深度，体现精彩。刻不到位，雕不深入，已是当今砚林中普遍存在的通病。

石质的砚，掉在地上易碎，拿在手里沉重，带着赶路累赘。作为砚，石砚究竟好在哪？从端砚、歙砚及很多名砚的优异看，石砚的好，好在发墨，好在耐磨，好在益毫，好在贮水藏墨的不枯，好在砚石的莹洁滋润，还好在一方砚上具体的品色的美妙。其中，古人评说石砚的好中之最好，在实用。

砚以用为工，实用是砚的第一要素。一方砚的实用，一要看砚石的质地。二要看所制之砚是否突出了实用功能。

今人爱砚不同于古人。今人爱砚，更多的是喜爱砚上表面营造出的热闹与好看。砚石漂亮鲜丽的色彩，石品呈现的神秘花纹，多会令看砚的今人眼睛发亮，至于砚做得如何，水平怎样，实用性能怎样，今人少有讲究或多已不细看了。

古人偏重用，今人已从古人对砚的一味偏重实用功能，转向对砚的欣赏、把玩。

麒麟吐雾

贵州紫袍玉带石

尺寸：20cm×20cm×3.3cm

作者：吴荣华

作品巧色构思，以细密手法精心刻就。主体的暖色，在青绿背景中跃然神出。整体云荡波涌，仙雾环绕，造境神奇。

今人赏砚，爱赏石品，你的端砚有石眼，我的有鱼脑冻。你的歙砚有金星，我有对眉子。至于砚雕刻怎样，艺术性如何，雕的是否是砚，很多今人却已不知道。

砚，雕的是华年，凝的是心智。

今人爱砚，有的爱砚的器型，有的爱砚的色彩，有人爱砚的雕刻，爱砚雕刻家一刀复一刀制作的精心，爱砚雕刻家凝于砚中的人文气度，万千气象。

有人爱砚上珍稀的石品。

有人知道钱在贬值，砚却要涨价，于是跟风藏起了砚，爱上了砚。

也有这样的人，端坐在自己的爱砚面前，注一泓清水入砚，于几净窗明中，持墨轻磨，如入辋川。文思泉涌，下笔如神。

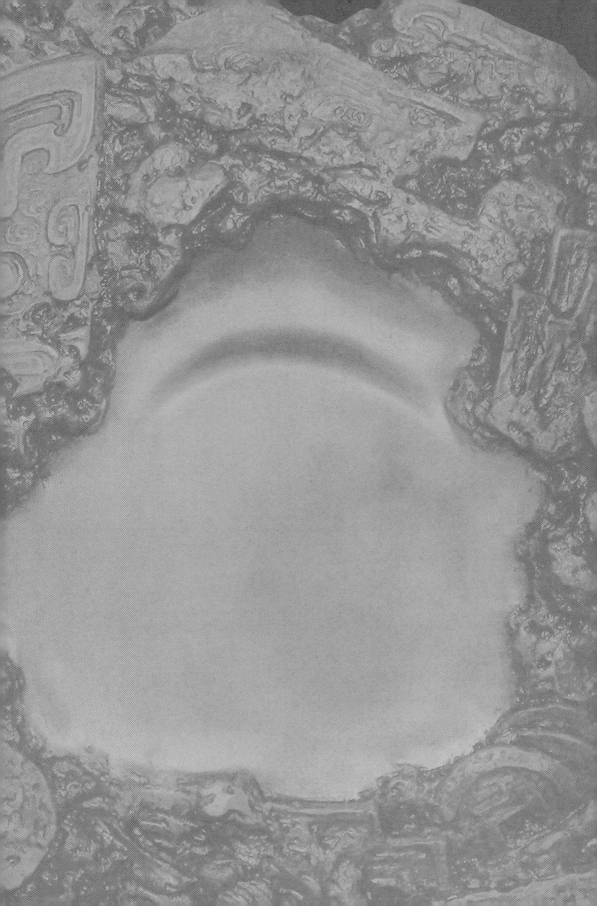

面目

砚从草创到形成发展，其间，面目经历了多次的演变。

比如，汉代的陶、泥砚，砚形以正圆为主，状如满月，样若宝饼，带足。唐砚，不再是一如的正圆，其间出现的代表性砚式箕形砚，砚形、样式和汉砚的宝饼形已有显著区别。宋代，砚池、砚堂、砚边开始有了明确的分工，诞生了端庄、方正、严谨、格律的抄手砚，砚从汉、唐的有高度、见厚度逐渐过渡到扁平，从有足行到了无足。

我们现在所制的砚，是传统砚的承继与延续，在认知与影响上，起很大作用的是明清砚制。明清砚，砚雕的技术、艺术是中国制砚史上当之无愧的高峰。可是，我们也应注意，明砚、清砚，无疑已有偏重雕刻技巧，讲究繁复，过度装饰的倾向。

方正、端庄的砚，长度、宽度、厚度，恰好的模样，加上开得绝美的砚池，大方的砚堂，直而有度的线条，这样的砚往案头一放，气度就出来了。

一

砚的本来

砚，回复到它的本来，是器。

作为器，砚有它特定的几个要素。

1. 器型

器型，是砚给我们带来的整体上的感受、认知。

砚，几经流变，相对确定的器型，是立体凹入的扁平状形态。从流传下来的古砚看，砚大小如普通书本，或正方形体，或正圆形体，或长方形体，或椭圆形体，再或是特异形体。形体与形体间尽管不同，但是，砚整体上无一例外地呈立体扁平状态。

砚的大小主要基于两方面。其一，功用的需要。砚，作为定位在文房的用具，放置于几案的器物，器型大小和所占桌案的比例应适可、适度，得方便研墨使用，利于搬移清洗，砚做得过大或过小都不适宜。其二，实用的需要。古人赶考或来往异地，需要带上砚，砚制作的大小，需考虑方便携带与搬移，使用和清洗，客观上形体不宜做大。

2. 砚池、砚堂、砚边

砚，具有砚池、砚堂、砚边。

砚池，是一方砚用来盛水贮墨的地方。砚堂，起和水研墨之用。砚边，与砚池、砚堂不同，主要起留水、护墨作用。

砚池、砚堂，是砚的两大凹下部分。砚池深凹，圆润空灵，盛墨要多，占用面积要小。砚堂浅凹，用来研墨，要求做得平坦，所占面积宜大。

池、堂、边是构成一方砚的重要部件，是砚作为器用物的三大要点。

3. 砚侧

砚侧，是砚的侧面。我们见到的砚侧，主要为两种形式，一是规矩的砚侧，砚多为人工造型。一是自然砚侧，由砚石原有的自然曲面构成。两

神兽兴波图

贵州紫袍玉带石

尺寸：12cm×12cm×3.3cm

作者：吴荣华

种砚侧，构成时无一例外地都要让人感到外观美好，手感舒适。

砚的相貌，端方若敦实的楷体。

方正、端庄的砚，长度、宽度、厚度，恰好的模样，加上开得绝美的砚池，大方的砚堂，直而有度的线条，这样的砚往案头一放，气度就出来了。这气度是自然流淌出的，不用你多解释。

砚，或方形，或圆形，或自然成形。总体看，砚的形态归纳于两大类，一类，砚的形态以规范、端庄为主。另一类，以自然、浑朴、鲜活出趣为方向。

砚的雕刻，有类似于石雕、玉雕的一些特点，比如，玉雕、石雕讲究因材施艺，讲究巧夺天工，讲究俏色雕刻，匠心独具，砚也一样。但是，制砚又不像石雕、玉雕那样可随时生发，任由想象。因为，砚是砚，砚有作为砚的砚边、砚池、砚堂等要素、语汇。砚还有砚形，砚雕的独特的要点。你做砚，得有这些要点存在，得具备砚的要件。

二

学习制砚，器的概念要贯穿始终

制砚的过程，自始至终是造器的过程。

制砚，从初始学习，到自如造砚，有以下三个阶段。

第一阶段，识器造型。

这一阶段，重点明确砚的器型概念，可从传统的长方形、椭圆形砚入手，学会正确制砚。制出合适的器型，能恰如其分地安排，做好砚边、砚池和砚堂。

第二阶段，图饰。

初步接触图饰，可有意识地选择、雕刻传统图案，养成严谨、认真、精确的制砚态度。同时，通过器型与图饰的结合雕刻，了解认识砚与图饰的关系。

第三阶段，随石形砚。

随石形砚，关键在"形"。其意是面对造型各异的砚料，依形就势形成制式，构筑成砚的模样。随石形砚阶段，是从学习制砚，步入自由创作的重要阶段。

这一阶段，器与图饰常常混杂、纠结在一起，让人迷离，难以把握分寸。这一阶段，刀工技巧与做砚本身让人困惑。有人会陷入技巧，一心迷恋刀工的精细，失去做砚方向。有人会重于因材施艺，根据不同砚石的形态、质地、石品、色彩，讲构成，重构筑。

这一阶段，是砚雕师的形成阶段，经过这一阶段，有人会因为这样那样的因素，成为能制砚的砚雕师或熟练的砚匠，有人砥砺前行，再接再厉，向砚雕家方向继续迈进。所以，这一阶段，也可说是砚雕师、砚雕匠与砚雕家重要的分水岭。

神游太虚

苴却石

作者：俞飞鹏

时间：2012年

此砚随形就势，巧色而作。人物亦工亦写，下刀坚劲凝练。砚中，池、堂与太极的相生互融，交汇律动，如妙笔忽来。

作画挥毫，有妙手偶得之论，此语，我以为同样适用于砚。出一方好砚，于高手而言，数年或数十年如一日的刻砚深研是前提，缺失这一前提，好砚无从谈起，具这一前提，好砚也仅仅是或可偶出。

松花石仿清宫翠云砚

黄金裹玉、金线

尺寸：22.4cm×16cm×3cm

设计：孙明涛

雕刻：曹永春（潜龙砚坊）

收藏：中国松花石艺术馆

三

关于制砚，巧色，俏色，用品

制砚，了解一下砚史，十分必要，能深入砚史作一番研究当是更好。

制砚，你不一定都得亲手做几方唐箕、宋抄、蝉形砚。但是，你得知晓一方砚，是怎样的构筑，当如何形成。砚制的源流与演变，兄弟砚种的手法特点，高手如何，水平怎样。你得知晓了解，融通变化。学人所长，重在活学活用。 学习的目的，一定不是为了日后的重复，而是为了创造。你得知道什么是陈陈相因，你不仅仅得有砚内功夫，得了解你手中的砚石，你的水平还体现在能无中生有。

制砚，砚中的图饰，其实不在刻得多深或雕得多浅，而重在雕刻的恰如其分、恰到好处。

巧色、俏色、用品，并非是砚雕的专用语汇，很多传统石雕、玉雕，乃至木雕也在广泛运用。

巧色，指巧用砚石天成的石色，成为一砚雕中的人或物的有机组成部分。巧，在于不经意中的精心，在看似随意的顺手拈来。

俏色，不同于巧色。俏色是有意地留住砚石中要保留的色，而将不要的一概去除，从而达到俏的目的。

品，指砚石中天然生就，蕴藏其中的形、色独立的品类。比如一个小石眼，一根小石线等，用品，就是在雕刻创作中，能结合运用这些石品。

巧色、俏色、用品，是制砚的基本手段和普遍存在，并非制砚水平的高层面体现。

有个砚种，雕砚手法深雕深刻，制砚者把重心放在具体的题材雕刻上。比如雕山水，注重山石的脉络走向，树的主干与分枝，甚至枝叶的细节，等等。同时，注意了保留色彩、俏刻色彩和运用色彩，注意了石色的好看。不足之处是忽视砚的语言，砚的要素。有的砚，砚池、砚堂开在一

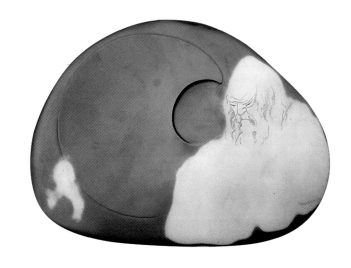

凝

苴却石

作者：俞飞鹏

时间：2008年

作品以一弯意写的清月妙为砚堂、砚池，自然洗练地随寓于月里。砚中一抹淡绿，作者不仅因势利导，巧形、依色妙作人物，在刻画上亦别见心机，作者一改常见的高浮、深雕、细镂手法，而是运刀如笔，用可数的下刀一气成就。

边，雕刻的山山水水做到另一边。有些不是按整块砚料因材施艺，而是在砚石中的某一部分，开出象征性的砚的池、堂、边。有些甚至连砚的基本的砚池、砚边、砚堂都没注意开好做好。

市面上，我们还不时会看到这一类砚，砚中，砚池、砚堂放在一边，图案在另一边，图案雕刻看着过得去，砚堂、砚池，大概开一个貌似的就是了。这样的砚，雕刻的图案与砚的池、堂已截然分开。有些砚，感觉砚像是主体，有些，雕刻在上面的图案已是当然主体，而大致的砚貌在其中只是装点。

制砚，不在于你能巧色，会巧色，知俏色，用品。砚是砚，砚与图饰的关系，不是主体与客体或客体与主体间的关系。刻砚，一方面，我们要努力把砚中的山水、树木雕好，同时，更要把砚看做一个整体，整体地把一方砚做好。一方砚，只有整体好才是最好。

达摩面壁

金皮子石

尺寸：43cm×25cm×9.8cm

作者：刘明学

收藏：吴善根

全砚应石立形，随石巧色，脸部刻画
见精到，见刀味，见韵致，其中嘴角
处的着刀，颇具神采。

尊者

苴却石

作者：俞飞鹏

时间：2011年

砚之得意，尽在虎头的不雕处，似是又
非，不是却神似。

清晖砚

作者：陈洪新

砚从布局，构思，到雕刻、意
境，都下实了一番工夫。

邀月砚

歙石

作者：吴亮生

李白举杯邀月，月下的景致应是怎样？或许各有不同的答案。
作者没有依循陈旧套路来刻李白邀月，他营造了月色流溢着银样的光辉。我爱
这如洗的月色，爱这月下的洁净无瑕以及沐浴于月色中的李白，还有那绝妙无
比的神秘的单纯。

四

关于是砚，不仅是砚，砚雕艺术

1. 是砚

制砚，我一直强调制出的砚，要是砚，须是砚。

做出的砚，要做到是砚并不难。譬如，一方长方形砚，你按既定比例，开出砚边、砚池、砚堂，它一定就是一方是砚的砚。但是，我们不能只做这样的砚。这样的砚，有的只是复制、继承、模仿。缺的是发展、新创、思想。

是砚的砚，砚为主，饰为辅。突出砚的功能性，具浓郁的砚的语言和砚味。一块料石在手，要做出是砚的砚，要点在石尽其材，物尽其用。其材是砚材，做的是砚。在这样的砚材上，做砚，首要在尽其可能的突出砚的功用。

2. 不仅是砚

做砚，做到一定的层面，你做的砚，又不仅仅是砚。

是砚，是前提，是条件。也就是说，你做的砚，根基于砚本身，源于是砚，以砚的专业眼光审视，它定然是一方砚。不仅仅是砚，指的并非我们概念化地开出了砚边、砚池、砚堂的一般的砚。

不仅仅是砚的砚，是异于平常的砚。

异于平常，异在哪？以一方不定型的异形砚为例。首先，异在石形与砚式的巧妙相合。这之中，关键点在一要巧妙，二要相合。其次，同样具砚的砚边，砚池，砚堂。不仅仅是砚的砚，开出的砚边、砚池、砚堂，能出平常见机巧。再次，不仅是砚的砚，融入了制砚人的思想、理念、观念、学识、见地，以及他对砚雕的认知理解，呈现的不仅是砚，更是他的艺术境界。

秋烟出谷

苴却石

3. 砚雕艺术

砚雕，不一定都艺术。

砚的讲究艺术，客观上看，这是砚雕发展到一定阶段的体现，是砚雕进步的呈现使然。砚，讲究砚雕的艺术，我还以为，这是砚从单纯的实用向美的方向演变的一个重大转化，是砚的不再单一地作为实用物的缘起。

雕得艺术的砚，突出表现：首先，独创性。艺术地刻砚，不是依样葫芦，不是复制，不是老调重弹。它，贵在独创。举凡设计，用品，雕刻，处理，砚上皆能呈现出它的独特独到。其次，因材性。不同砚材，形态、面貌、色彩、感觉各有不同。高明的砚雕家，能根据其中的不同，因材施艺，进行艺术地再创作，从而做出别开生面的艺术的砚。再次，砚性。艺术的砚，是砚，但是，艺术的砚，是不流于一般的，和平常不一样的砚。

五

需要再说的几个观点

1. 实用

砚，是古人发明创造出的，一种配合书写的研墨用具。

越古老的砚，用的特点越浓。砚的实用，重在看两个方面，一是砚石怎样，是否发墨，发墨程度怎样。二是制砚者做的砚，做得是否实用。

当代，说到实用器物，一要方便，如银行卡。二要快捷，如乘坐飞机。三要轻巧，取用方便，如笔记本电脑。四要灵通，如我们日常离不开的手机。而今，砚的制作是否仍须强调它的实用？我以为，快餐时代，讲究个快是这一时代的特性。慢吞吞的砚，越来越和时代脱节，已是不争的事实。

砚的不再单纯讲究实用，起始于明朝。从制砚角度说，做砚仍要讲实用，且会一直讲下去。砚的功能、特点、要素还是得具备，但是，做砚不必一味地强调实用，尤其是艺术砚雕。

2. 关于异形砚

异形砚，也称随形砚、自然形砚或天然形砚。

异形砚，是四川苴却砚的叫法。其意，指以形状各异的石形制作而成的砚。随形砚，不少地方都在叫，意为这砚的形态，随砚石的自然形态，因石成型。自然形或天然形砚，是龙尾砚厂针对不同形状、特点的砚所确立的称谓。其中，自然形砚与天然形砚还有特定的不同。自然形砚指经由人为修饰，同时形态各异的砚类。天然形砚，专指外形天然成趣，绝少人为修饰的一类砚。

细加分析，以上几种砚的称谓都不太确切。因为，砚制中的这一类砚，料石的长度、宽度、厚度至少要符合于砚制，形态要自然天成。这一类砚，料石的形可以各自相异，但再怎么各异，其中的关键、首要在符合砚制的要求。

斑斓

苴却石

作者：俞飞鹏

时间：2010年

砚依形就石雕刻，恰好的皮色留存，与结合原石的凹凸下刀，让此砚浑朴，散漫着古远的韵致。砚池、砚堂的直线施入，强化了断碑的工肃与格律，俏色铭刻的隐约隶字，更让此砚弥漫着别有的悠长。

　　古人论砚，鲜见单纯谈形，涉及砚的形态，多见与形制合论。而形制，包含形态和制式、样式。

　　古砚中，有很多固定和成熟的砚样。如别于异形砚的规格砚。关于异形砚，我们亦可以这样认为，异形砚，特指砚类中相异于规格砚的、形态各异的一类砚。

　　规格砚，是何样的砚？按当年龙尾砚厂对规格砚的分列，规格砚专指批量生产的、长宽厚固定的，图案、制作样式相同的一类砚。如果把规格砚视为规矩、方正的楷书，那么，异形砚至少是行书，还有可能是草书。

　　创作异形砚，有几个不一般的艰难。一是砚石石形与题材的结合。刻砚有很多题材，不同的题材，对应或适宜于各异的石形。二是题材与砚元素的融合。砚之所以为砚，有它自身一些特有的规律，语言。做砚，要相符于这些规律，融入这些语言。在不一样的砚石中，要结合题材，还要将题材与砚元素作一融合，这样的融，实在是极见艰难。三是雕刻手法的相融。异形砚之异，不仅异在砚石的形态，还见异于自然天成的各类肌理。

异形砚之美，美在自然天成，自然成趣。我们的雕刻手法，要融入其中，要融合自然，而非破坏自然之美。这样的融，是异形砚创作的高层面要求。四是整体的合一。好的砚，见砚雕家的思想、灵性、见识、格调、文野。好的砚，砚石的形、色、状态，是天成的，也是砚雕家的，它的好，在人与天的自然合一。

做好规格砚，是学习砚雕艺术的基础，将规格砚做到很高的层面，亦是有价值的艺术创作。异形砚，是治砚中前行的必经阶段，是体现进步的一个重要阶梯。异形砚的创作，特在异，重要的更在异。一样的砚石，相似的品、色，表现在砚雕上，题材、手法、样式是见异的，整体呈现的面貌、个性、风范是不流于一般的。

异形砚，它的好与不好，一般或不凡，在匠心，在独具，在别出，在心机，在砚雕家出手的见异和别开生面，另开新径。这其中，最体现水准和见识的是砚雕家凝于砚里，溢于砚外的综合的东西。

3. 关于文人砚

文人砚，一个砚林人热衷的话题。

因为热衷，又因为贴上文人砚之标签，或能体现做砚的不同于凡俗、匠人，或由此便于在砚林多兴些热闹风浪，造出点不庸常的他响，有些人于是直接自封，说自己做的砚就是文人砚。

自封为文人砚的制砚者，我相信，他们会刻砚或能够刻些砚，甚至于他们能吟些诗赋且具点文墨，能够舞文弄墨或写过几篇文字，但这些都不足以证明可以刻出文人砚，不足以自封自誉自个儿的砚是文人砚。

砚林中，有很多制砚者，一生在砚里摸爬滚打，有的人，也只是泊于会制砚，具雕刻功夫的层面。不用说，他们做过很多砚，尝试过很多手法。有的，无法脱去工艺技法旧套陈规。有的，以为有过人的刀功就可以横行江湖，于是东突西走，只是，还没走多远，便因为缺乏后劲自个儿停了下来。有的，年复一年，只能做一些区别于文人砚的、带有明显工艺制作痕迹的另一类砚。而这另一类的砚，过去有，当下有，将来必定还有，这

青铜时代

苴却石

作者：俞飞鹏

时间：2008年

砚形天成浑然，于凹凸中见奇崛。

作者结合青铜古器出土的瞬间，因势顺形，依料石表层的凹凸，斑驳下刀，手法融深雕浅刻于一体，妙在不拘砚石本来的高低错落，融合、结合、随色、随心。全砚专业，严谨，砚味浓郁，若雕、若琢，浑成无迹。

便是充斥于市面的各式深雕满刻的、花花绿绿的砚。

文人砚，是文人的砚。这样的砚，砚里砚外蕴涵有文人风韵、文士气息，是具文化味、书卷气的一类砚。

一方砚，要刻好，要下深入刻画的工夫。而文人砚，需要的却不仅是手头的那点技巧。更不是附庸风雅地在砚上刻几个文字，题几行小款，铭刻几个红印可以速成得来。

文人砚，出淡雅，去陈腐，再现的是素朴清新，流淌的是文人心性，浸润着的是士人的斯文。高层面的文人砚，砚上可不着一字，尽得风流。文人砚，一洗工匠习性，不哗众，不取宠，融于形，合于砚。砚里，凝聚文士品性。砚外，得见不阿不媚。这样的一砚，依凭的不仅是制砚者深厚的砚内功夫，更应是砚作者砚内砚外的识见学养与艺术追寻的综合体现。

从普通工匠成为能制出文人砚的砚界名家，古今寥寥。让一个文人入砚，行到可以制出文人气息的砚，这一过程亦十分艰难，哪怕他已经是教授、学者。他要入砚，刀要熟悉吧，比如打刀，锤与刀的合二为一，刀指向哪，锤可以跟到哪。比如刀的轻重掌控，该打深一点，掌控不好，你一刀打下去，会深出三点乃至于五点来。再比如铲刀，铲深一点点，怎么铲；铲重一点点，力怎么下。还有那雕刻用的圆刀、平刀、大刀、小刀，一刀下去可以浑融无迹，亦可以机锋毕露，何时，何砚，该如何下刀？

还有，既要做砚，对砚石要有基本的识辨能力吧，都是砚石，端砚石不同于歙砚石，歙砚石有别于苴却石，即便是同一砚石，不同的坑口有不同，同一坑口亦会有不同。不同的砚石，该刻什么，不该刻什么，心中得要有数吧。还有，一块块砚石在手，毕竟其中有形的不同、色的各异、厚薄之别、品的不同，这些都得掌握，不可能不经学习锻炼熟悉一番就一晃而过吧。

既是做砚，砚是怎样的，这当然要了解。学会开砚池，打砚堂，实在不能等于你就会做砚了。君不见，浩浩砚林，有多少人会开砚池、打砚堂呢，很多人一生雕过无数的砚。更有些人，可以三两下就开出砚堂、砚池，手头有过人的刀工技巧，却可能徘徊于砚外，尚不知好砚好在哪儿，砚究竟是怎么回事呢。

要做出一流好砚，的确要在"砚"字上下重工夫，狠工夫。不能说，一个"砚"字，包涵很多，那太抽象，让人如坠云山雾里。但，不管怎样，你做出的砚，得有砚的模样，得是砚。

即便，你学会了做砚，你本来就是文人，那也不能等于你做的砚就一定是文人砚。那还得看看，你做的砚是否脱去了工匠气、制作痕，是否不再拘泥于雕与刻，得看你对砚本身的细腻入微的把握，对砚石、形态、色彩的不同于常人的拿捏，还有作为文人砚应具有的一些重要的要素。

制砚名家陈端友的砚，可谓在砚雕艺术的某一方面登峰造极，但是，他刻的砚不是文人砚。方兄见尘，我敬重的砚雕名家，他没有沿着陈端友的熟路继续前行，而是另开新境，造出了让砚林刮目的兼工带写的歙砚奇篇，但是，他的砚仍不是文人砚。

评判一方砚是否为文人砚，首先，在砚。构筑上看，同样具砚堂、砚池，文人砚的构筑，区别并明显高于普通工匠砚和商品工艺砚。雕刻上观，文人砚已去一般砚上常见的工艺性，雕琢气，制作痕。风貌上看，文

石斑

苴却石

尺寸：19.5cm × 9.5cm × 4cm

收藏：梁波

砚形如鱼，作者依形随色，就砚石斑斓的肌理巧妙下刀，全砚于自然圆融、了无痕迹中见天趣，现异彩。

人砚体现的是清新素朴，流溢的是风雅斯文。再次，在文心的化入。文人砚，综合体现出的是砚作者的文人心性，思想和才情，寄托和境界。此是文人砚与非文人砚的分水岭。

去年，在广东肇庆参加中华砚文化学术研讨会后，我到了一个城市，十分意外地读到过一个画家的尝试性砚作。这位画家，不仅能画，兼而能书、能写、能刻，有理论高度。他在砚石上已刻有不少作品，这些作品已然有文士味、书卷气，虽然，这些东西仅仅是尝试，探索，但是在朝着文人砚方向作努力。

古代，就涉砚范围看，文人涉砚，应有以下几个方面。

一是做砚。做砚，尽管不同于书法，画画。但是，古代文人还是有可能亲自做过砚。

做一方砚，相比书画，程序要复杂得多。做好一根线条难，开好一个砚池亦难。想爱砚的东坡、米老夫子，他们要亲力亲为地一刀刀地雕刻出一方砚，有多不易。虽然我们没看到有名有姓的古代文人做过什么砚，有什么样的砚留存于世，不管像样的或不像样的。不过，古代文人还是有可能挥刀入过砚，亲自尝试过做砚。

二是设计砚。按常理看，古代，文人定然有过参与设计，或亲自设计指导过制砚。只是，这一类砚，不一定就是人们以为、认为的文人砚。

三是用砚。文人用砚，这类砚涉及范围最广。可是，文人用过的砚不应当算是文人砚。

四是题铭砚。爱砚的文人，在砚上作诗，留铭，题字，甚至于亲自动手刻一刻砚铭，这是完全有可能的事。

因为文人的介入，文人思想和理念的融入，古代一些砚的制作，淡化了刀工雕技，突出了人文色彩。不过，这种淡化，不能算作制砚工匠的有意而为，而是文人思想、观念进入砚中的作用使然。文人的这一作用，固然丰富了砚的文化内涵，促进了砚文化的发展，但是，由此产生出来的砚是否就是名副其实的文人砚，则应另当别论。

　　中国的砚，砚与文人，似乎生来就结有不解之缘。盛唐之时，有关砚的赞誉便不时出现在文士的诗篇里，至宋代，爱砚，藏砚，论砚乃至入砚的文人层出，就我而言，时不时地也在结交着爱砚，藏砚甚至动手做砚的文人，不过，细究之下，文人砚无论古往还是在当下，一直以来没形成过怎样的气候，有过怎样独具的风貌，更不曾有如中国的文人画那样形成过什么流派，要说有过，也只是零星碎弱的偶尔声响。

生合

苴却石

作者：俞飞鹏

时间：2011年

制砚，向来不拘一法，不泥成格。此砚别开新面，构筑自由，虚实相生，于轮回中见律动，意写的图像，如鲲鹏的展翅翔舞，又似思绪的油然生发。

思想（砚背）

苴却石

作者：俞飞鹏

时间：2011年

看似平常的碻色，可以产生平庸，亦可造就神奇。

此件作品，碻色并不特别，细加品味却妙不可言，堪称奇绝。

石品

石品，是好事文人的别好，是在砚石上物化的
文人之好，更是文人茶余饭后生发出的精怪。

一

石品之于砚石，有如暗室忽明的一灯。

因为石品，砚石上有了稀珍的线装书的老味；因为石品，砚石上有了神奇的点的亮闪；还因为石品，砚石上有了块状的丽彩流韵。

石品，给一方砚及砚的创意，雕刻，带来太多的机趣，美好，灵性，别情。

于具体的制砚看，石品，有时又是个俏皮的顽童，它让制砚者爱恨交加，欲罢不能，甚至于无法一鼓作气地雕好一砚。生于砚石的石品，偏爱生在不该生的地方，比如生在想开砚堂的方位，让你不能顺风顺水地开出砚堂。比如生在要做砚池的地段，让你简直无法如愿开好一个砚池。石品，搞得制者常常无所适从，左不是，右也不是，留石品，砚不好看，去掉石品，又心痛惋惜。更有甚者，你好不容易将砚石表面上顽皮的石品安顿好，待砚做到出味时，新的石品又探头探脑，鬼使神差地冒了出来。

一方砚，因为出好石品，刻得再不好也有人掏钱买，使得不少学砚者，心思不再用于探索砚艺，而是用到找石品上。这些年，因为石品，砚石身价一涨再涨，害得收藏家望砚生畏，害得砚雕家巧妇难为。

因为石品，收藏界总是不好评判砚的优劣。之所以会这样，缘于很多人说，砚的好，归结于石品好。于是，只要有鱼脑冻，就是好端砚；只要有金星、对眉，雕得再不好的砚也是好歙砚。

因为石品，君不见，市面上有很多刻得眼花缭乱的、不像砚的砚，晃一晃或就再也不见了，砚去了哪？多半已是被深受石品蒙蔽，备受石品迷惑的爱砚人掏钱，买下，藏起。

二

石品是天然伴生于砚石中的、形状色彩独立的品类。

石品，还是好事文人的别好，是在砚石上物化的文人之好，更是文人茶余饭后生发出来的精怪。当下，一方砚上，有石品或无石品，可以是身价的高低之别，还可以是一方砚"命运"的天差地别。

石品出现在砚石中，以点、线、面为主要表现形式。砚石中出现石品，属砚石的偶然现象。同一砚种，同一砚坑，开出的砚石，有的上面有石品，有的什么也没有。有的砚石开采出来很大，砚石上的石品却非常少，零零星星似有若无，有些砚石块小，说不定多种石品都相伴其中。

1. 石品的特性

形态独立于砚石

石品有自己独立的形态，这些形态出现在砚石中，各自呈现鲜明的特点。比如龙尾砚的金星，品种、形态尽管多样，其主要面貌是点状。再比如说端砚、苴却砚的金线，形态是直线性的线状。还比如说金晕，形态几无定形，但以块面方式出现是它的特点。

色彩独立于砚石

石品都有自己的色彩，其色彩与砚石本色区别明显。比如龙尾砚的金

绿碟带眼双龙戏珠砚

苴却石

星，其色彩是金黄色，而龙尾砚石的本色是青黑色。苴却石的主色是紫黑色，其名贵石品金田黄，色彩为田黄色。

具不影响实用的质地

石品的质地和砚石质地一致，在软、硬度上相同。比如龙尾石，制作中会出现一些有色硬块，还比如龙尾砚中的石筋，这些或有自己的色彩，或具特定形态，但是，它们的硬度和砚石质地有大不同，所以在龙尾砚中，一直是作杂质、石病处理。

2. 名砚石品

端砚

端砚出自广东肇庆，唐武德年间即有见出。

肇庆史称端州，北宋徽宗皇帝赵佶，曾受封为端王，当上皇帝以后，因避讳端字，便把端州改为肇庆。

端石，主要出产地云集在两大片区。一是位于肇庆以东的羚羊峡斧柯山一带。主要有老坑、坑仔岩、麻子坑、梅花坑、宣德岩、朝天岩等名坑，二是肇庆市北边北岭山一带。主要有宋坑、盘古坑、陈坑、伍坑等名

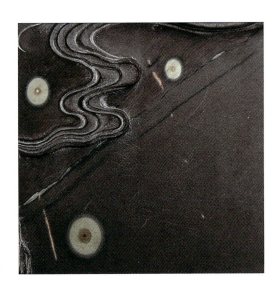

端砚的石眼

收藏：陈洪新

九州腾龙砚

端石天青、青花、翡翠、玫瑰紫、眼、火捺等

尺寸：56cm×81cm×10cm

作者：张玉强

龙砚，很多砚种都在雕。

此砚雕龙，作者以独特的视角，在传统基础上注入了新元素，刻出了新意象。砚以圆圆的砚堂寓作初升旭日，衬以排空巨浪，加上细如发丝的组组疏密有致的海浪线条，以及高浮雕、浅浮雕、镂空、浅雕与线刻的结合，着力表现瑞龙神武尊贵的王者风范。砚中，九条神态各异的瑞龙在波涛云海中或腾云、或戏水、或起舞、或飞跃。全砚构图严谨，刀法精妙，场面气势磅礴，体现了作者的不凡技艺以及处理、驾驭宏大场面的扎实功力。

坑。北岭山与肇庆市之间是著名的肇庆七星岩。

端石的名坑各有特色。老坑又称水岩、皇岩。老坑所出砚石，石质细腻、滋润、缜密、坚劲。石色典雅绚丽，主要石品有鸲鹆眼、鱼脑冻、青花、天青、火捺、蕉叶白、金银线、冰纹冻等。从砚石质地来看，老坑砚石集端石优点于一身，可谓端溪最美妙、优异的砚石。

以下对端砚著名石品作一简述。

石眼：端以眼为贵。眼，是端砚最著名的石品。

端石的石眼，形状有正圆或椭圆形。以青绿或翠绿色为主，略带微黄色，心晴深碧，间有深浅变化，主出在天青或青紫色的砚石上。依据形态、色泽、神采的不同，端石的石眼可分为鸲鹆眼、鹦哥眼、鸡公眼、凤眼、雀眼、猫眼、象眼、绿豆眼，等等，其中，以石眼黄绿色泽、晕层多重、晕线明晰、状如鸲鹆（又称八哥）眼睛的鸲鹆眼最为难得。

关于端砚的石眼，清潘次耕《端石砚赋》中有精彩的描述："人惟至灵，乃生双瞳。石亦有眼，巧出天工。黑睛朗朗，碧晕重重。如珠剖蚌，如月丽空。红为丹砂，黄为象牙。圆为鸲鹆，长为乌鸦。或孤标而双映，或三五而横斜，象斗台之可贵，惟明莹而最佳"。清吴兰修《端溪砚谱》中说："圆浑相重，黄黑相间，一晴在内，晶莹可爱"。

青花：何传瑶《宝研堂研辨》中认为："鉴别端石，以青花为最佳。青花，石之细纹也"。《端溪砚史》载："青花如波面微尘，隐隐浮出。视之无形，浸水乃见，斯为上品"。

端砚青花，已发现的有微尘青花、子母青花、萍藻青花、蚁脚青花、玫瑰紫青花等数十种之多。

鱼脑冻：在砚石中呈现的状态，古人有"白如晴云，吹之欲散，松如团絮，触之欲起"的描述。《宝研堂研辨》这样谈鱼脑冻："一种生气，团团奕奕，如澄潭月样"。

鱼脑冻，色嫩白，细观白中微黄，状如封冻的鱼脑。伴生于端石中的鱼脑冻，有的呈现块状的圆晕，圆晕外有火捺团围，其状似梦似幻，如混

星月相辉享太平砚

端石浮云碎冻、天青、青花、玫瑰紫、眼、火捺等

尺寸：41.2cm×36.8cm×84cm

作者：张玉强

作品巧石眼作星星，砚中的浮云冻、天青、青花、玫瑰紫、火捺等名贵石品，
亦在作者的妙手作用下，幻化为横跨天际的流云雾霭。

砚中的山石，作者亦非一味地"硬作"，而是巧石皮的天然凹凸，亦工亦拙地
细心下刀。隐掩山间的楼台殿阁，以及流连其中的或举杯邀月、或浅斟低唱的
各式人等，一一刻画得形态各异，深入细理。

全砚开合有度，施线巧妙，刀法精练细腻，于平实中见心力，从淡染中现精深。

烂柯传奇砚

端石碎冻、蕉叶白、天青、青花、冰纹、火捺、金银线、石皮

尺寸: 24cm×23.2cm×4cm

作者: 张玉强

砚依形就势，下刀结合材质特色，因材施艺，以精湛的雕刻手法，表现王质观棋成仙的故事。

作者取老坑砚材奇幻多姿、深邃玄妙的质感，与题材、构想巧妙搭配，将神仙世界作了一异彩飞扬的幻境般的描述。

全砚构图新异，雕刻入理，层次变化丰富，人物传神有致。其中，作者对石品花纹的自然活用，堪称功力老到，既得天趣，又见佳成。

沌初开。有的若隐若现，如曼舞的轻纱飘然拂过；有的如蚕茧大小，细碎散开，了然无形。

鱼脑冻，仅仅在老坑、坑仔岩、麻子坑中见有出现，被公认是端石中最细腻、最嫩润、最为珍稀的名品。

天青：如"秋雨乍晴，蔚蓝无际"，色青，纯且无瑕疵者为上品。

蕉叶白：端砚名贵石品之一，形团状，似蕉叶初展，含露欲滴，一片娇嫩。生有蕉叶白和鱼脑冻的砚石，同时伴生有青花和火捺。

金银线：水岩独出。线直而细，横斜，直立于砚石。其中黄色线称金线，白色线称银线。

火捺：色有深红、浅红、胭脂红等。红色的晕斑，老的紫中微黑，嫩者紫中微赤。火捺，最佳者似胭脂红晕，若水墨画的浓淡幻化。

冰纹：又称冰线，如蛛丝状、色白，有痕而无迹，多产于水岩中的大西洞。

翡翠：指带翡翠色的绿色花纹，长形为条，点状为斑，古人称之为"青脉"。《端溪砚谱》说："青脉者必有眼"，有翡翠的砚料，通常伴生有石眼出现。

歙砚

歙砚，我国著名砚种，四大名砚之一，距今已有1300多年历史。天然生就金星、金晕、眉子、眉纹等美妙石品的歙砚，自古出产于婺源龙尾山，史称龙尾砚。因婺源历史上属安徽歙州所辖，按古时以州名物之惯例，龙尾砚习惯上又称"歙砚"。

主要名品有：

金星：金色、点状，伴生于砚石中，品种有十多种。有的细小如沙，有的形如谷粒；有的如斜风中飘下的细雨，有的又似清夜中的数点寒星。古人根据金星状貌的不同，取有很多形象化的称谓，有金晕金星、金花金星、细雨金星、牛毛金星、雨点金星、云雾金星，等等。

金晕：金色、块状，晕色有深浅变化。生于砚石中的金晕，有的薄如纸片，稍纵即逝。有的浅显一层，了然无定。著名者有团荷金晕、玉带金晕、眉纹金晕、金花金晕、环晕金晕等。

眉子：条纹状，色青黑或深青色，或粗或细，如曼舞的彩绸舒展。主要品种有长眉子、细眉子、角浪眉子、对眉子、雁湖对眉等。其中对眉子十分稀见，尤其雁湖对眉，为藏家最求。

罗纹：纹理状如湖光清波于微风中荡漾，形如飘散的缎彩丝罗时有微芒忽闪。罗纹品种丰富，主要有水波罗纹、水浪罗纹、细罗纹、刷丝罗纹、粗罗纹、金星罗纹、细雨罗纹，等等。

洮河砚

四大名砚之一的洮河砚，砚石出产于甘肃省甘南藏族自治州卓尼县，主出地位于该县东北50多公里处的喇嘛崖、水泉崖和扎甘崖等山崖上。该

旺财道福图

歙石老坑对眉

尺寸：30cm×16cm×3cm

作者：汪新荣

对眉，为歙砚石中的稀绝珍品。历代所求者众，所见者寡。此砚依形就势，或工或写，雕刻平刀间圆刀，下刀坚劲利落，尤其眼睛刻画，巧对眉而作，堪称稀见而绝妙。

独占鳌头砚

端石鱼脑冻、天青、青花、马尾纹胭脂火捺

尺寸：23.8cm×18cm×3cm

作者：张玉强

此砚，砚堂上名贵的鱼脑冻恰如鳌的背部，作者依循这一特点，以浅刀精心勾勒出鳌的头部，浅雕魁星立于鳌头，左脚屈踢，扭身挥笔作点画状，一蝠从天而降的情景，于此跃然砚里。

砚中，人物神情鲜活自然，鳌的动态与魁星"鬼马"般的神态相映成趣。整体上看，造型准确，表情把握精妙，用刀兼备形神，全砚妙趣横生。

地道路险峻，崖畔陡峭，三面环水，水流险急。卓尼县古为洮州所辖，砚料出自洮河崖畔，洮河砚亦因此而得名。

洮河石的主要名坑，有喇嘛崖的宋坑、水泉崖旧坑与扎甘崖新坑。

主要名品：

绿漪石：古称"鸭头绿"，其中以绿色纹理中夹带黄色斑的"黄碟绿漪石"品质最佳，是洮河砚中的珍品。

深绿石：古称"鹦鹉绿"。特点是石色深绿，石质细润，发墨性能好。

墨绿石：古称"玄璞"。石质细腻，石色奇异，又叫"湔墨点"，是洮石中的妙品。

太白望月

歙石老坑眉纹金晕

尺寸：23cm×21cm×3.5cm

作者：汪新荣

非常佳绝的晕色，散乱于砚石里，如云似雾，作者高明地巧金晕作云霞，尔后，在砚的重要部位，俏色精刻李白回首仰望，天际云荡雾涌，一轮圆月正闪闪发光。

此曲只应天上有

歙石老坑金晕

尺寸：28cm×16cm×5cm

作者：汪新荣

制砚的别有一番意思，你在打稿时的信马由缰，可以一任想象，神思万里。砚面金晕处于砚堂，去可惜，置于砚背亦可惜。此砚，作者留金晕于砚面，在无金晕处着刀，精心刻画了一拨弹乐曲的飞天。成片的金晕，在作者的妙想下，幻化为神来的曼妙丽彩。

踏雪寻梅

歙石水坑金晕

尺寸：62cm×33cm×8cm

作者：汪新荣

以踏雪寻梅为题入砚，所见不少，其中套用古画或当代画家构想者最为多见。此砚之好，在巧晕色，点到为止的下刀，在是自己的独创，还在看似清冷的氛围中，飘忽的暗香。

清溪读书图

歙石老坑眉纹

尺寸：25cm×12cm×4cm

作者：汪新荣

新荣的作品，在形意上多有探索。

此砚，石形见方，作者没有过多地去修饰形，而是依其天成形态，就石取意，构成画面。全砚渲染不多，刻了点溪边的细柳，还有一老者和一个稚嫩初学的孩童，细加品读，砚隐含一脉淡雅的文士气息。

玫瑰红石：石质嫩洁，色如玫瑰花一般红艳，其中暗红色中呈多层清晰水纹，带有黄磲者尤为稀贵，是洮石中的罕见名品。

淡绿石：古称"柳叶青"，是一绿石上略带朱砂点纹理的大谷岩，色泽雅丽，质地细腻。

澄泥砚

澄泥砚，四大名砚之一。澄泥砚发端于陶砚，由人工通过层层过滤的细泥，经过繁难的工序和泥成砚。是四大名砚中唯一不属于石质砚的砚类。

澄泥砚的生产在唐代已比较繁荣。唐时，出产于绛州（今山西省新绛县）的澄泥砚已被列为贡品，有"砚中第一"的美称。

由于古代澄泥砚的制作工艺繁杂艰难，加之秘方严格保密，从业人员得不到真传，故宋、元、明以来澄泥砚传世稀少。

清朱栋《砚小史》认为：澄泥之最上品为鳝鱼黄，其次为绿豆砂，又次为玫瑰紫。

主要名品有鳝鱼黄、蟹壳青、玫瑰紫、绿豆砂、豆瓣砂等。

鳝鱼黄：色黄或暗黄，表面呈现荞麦釉样的细小斑点。

蟹壳青：颜色似蟹壳，有青黑色和灰黑色。

绿豆砂：色深绿或黄色，带有细小斑点。

眉纹金星

歙石

荷趣图

苴却石

作者：俞飞鹏

苴却砚

苴却石的本色是紫黑色，在紫黑色石上，天然生就品类丰繁的石品。这些石品中，有神奇的石眼，还有色彩或绿或黄，或红或青的难以想象的其他名品。

苴却石的石眼，个大、浑圆。形态结构与端石无异，其色青如碧玉，其美浑如金瞳。有的三三两两，或聚或散；有的星罗棋布，漫无边际。

苴却石的绿，绿色中有浓深的绿，像盛夏里的浓阴，又如溪涧中布满岩壁的绿苔。有浅绿，有的很浅，浅得像一触即起的晨雾，又如天际一抹清澈的浮云。

苴却石的黄色碟石，有灿灿然一脉纯黄的金田黄，有的黄中伴着青花，青花或明或隐，看似若无又隐约显现。有些生就鱼子，斑斓点点，如画家随意点染，聚散依依，妙趣横呈。有的黄中寓红，红里有道不明、品不尽的浓深淡浅，神工鬼斧般造就大自然的万千幻变。

苴却砚的石品，绚丽丰富，异彩纷呈，斑斓多姿，独步天下。主要石品有石眼、绿萝玉、封雪红、碧云冻、金田黄、金地鱼子、鱼脑冻、鳝鱼黄、绿碌、黄碌、青花、天青、玉带、金线、银线、罗纹、鱼子、蕉叶白，等等。

　　从门类上看，苴却砚的石品主要分两大类。一类形象具体，如石眼、金银线等；一类无固定形象，如黄碌、绿碌。其中，紫晕红环金星眼、珊瑚青花、金田黄、绿萝玉、碧云冻、玉带、金银线、金地鱼子、胭脂封冻被誉为苴却砚中的九大名品。

　　紫晕红环金星眼：石眼青如碧玉，心睛圆正神溢，为金星色。紫晕晕色丰盈，环绕心睛形成，带红环，为苴却砚中的极品。

　　珊瑚青花：珊瑚状若丛林，多为青黑色，以明晰为上品。

　　金田黄：门类上属黄碌，但与普通黄碌大有不同。金田黄色纯黄，无混杂质色，稀见，质色匀洁，有极品美誉。

　　绿萝玉：形如漂散漫开的丝萝状，如幽谷涌翠，碧波泻玉，又似绿萝漫延。

　　碧云冻：团样，如大雾初涌，呈半透明封冻状态。

　　玉带：呈蜿蜒飘忽的带状。带或粗或细，修长、漫散而无定。色彩绿、黄相间，天然成趣。

　　金银线：线状，呈直线样式，横竖无定。线的色彩或金、或银、或红、或紫黑等，通称金银线。

粟米金星

金地鱼子：黄礵类，黄地，上有均匀的点状，细密如鱼卵。

胭脂封冻：块状，团样。色红如凝脂，有透明感，为苴却砚中的珍贵稀品。

石眼，苴却砚最具代表性的石品之一。

石眼生成于砚石之中，整体呈横向立体的椭圆形态。最中心部位生长有细小的圆睛，专业上称心睛。

古人云：砚贵有眼。更有人直接说，砚以眼贵。在目前已知的数十种砚类中，带眼的砚类不过二三。在中国传统的四大名砚中，居于名砚之首的端砚，其最为名贵和最具代表性的石品，即是天然生长于端砚石中的石眼。

天高图

苴却石黄萝玉，绿礵等

尺寸：23.8cm×19cm×3cm

作者：俞飞鹏

砚，品色稀见，构筑空阔、旷远。淡淡的一抹绿色，经作者巧思，妙化为远飞的大雁。全砚依形，俏色，用品，整体着墨不多，但恰如其分，奇趣横生。

福在眼前

苴却石

作者：俞飞鹏

时间：2006年

料石中有大小石眼数个，作者因形造境，以眼为星，随材施艺，依"眼"作佛，全砚星福相应，妙趣盎然。

福临

苴却石

作者：俞飞鹏

时间：2009年

此砚，石品以绿磦、虎斑纹为主，间有细密的微尘青花。

作品妙手用虚，于灵动中见秀逸。其中佛童的刻画，用可数的下刀脱去凡俗，超然世外，可谓不可多得。

阿旺

苴却石

作者：俞飞鹏

苴却砚的石眼，外表呈椭圆形态，基本色泽为青绿色。在苴却砚中，有时可看到带椭圆形环线的石眼，有时看到石眼中自然呈现出深浅不一的环状晕色，石眼中心部位有色泽或黑或红的细小的心晴等，这些是苴却砚石眼构成的基本形态。

所有石眼，专业上都称作"眼"。

一方砚中，通常存在活眼、死眼与瞎眼。

不少人在选购苴却砚时，多把注意力集中在石眼的多少上。选购苴却砚，不能仅看石眼的多与少，还要看一方砚里的石眼是否都是活眼。

在活眼、死眼和瞎眼三者之中，以活眼最为名贵。所以，看一方砚的石眼，眼多，要看活眼多不多；眼大，要看这个大石眼是不是活眼。

那么，什么样的石眼是活眼呢？判断一个石眼是不是活眼，有一个最简便的方法。即看这个石眼的中心部位是否长有心晴，心晴，其状犹如人的眼睛中间部位的瞳孔。有心晴的石眼即是活眼；反之，有环，有晕，而没有心晴的石眼即为死眼。

何谓瞎眼呢？所谓瞎眼，是指环、晕皆无，仅有眼形的石眼。

古卷

苴却石金田黄、绿磦等

尺寸：23cm×21cm×3.5cm

作者：俞飞鹏

时间：2006年

半部残缺的古卷，一只俏皮的金蟾，出人料想地浑融于一砚里。约略一看，这砚，砚边、砚池、砚堂齐具，自是一砚。进而细看，这是砚的一砚，分明又是线装的，已然残缺的半部古卷。

作品依石构思，于书皮的碎裂中洞开出砚堂，在砚堂上方施以妙手，在似烂似蛀中开出砚池。全砚因形，因色，因石的斑斓细腻着刀，圆融无迹的雕刻，让全砚虽由人做，宛若天开。

游龙戏凤

苴却石

作者：郑宾

此砚石，郑宾珍藏多年。

砚料呈横式，上生绿色磦石，带两个非常传神的石眼。苴却石中，好眼总是不多见，有上品好眼，兼备绿磦的，更是少之又少。

砚刻一龙一凤，俏色，巧眼。凤，俏丽可人；龙，神采飞扬。全砚布列开合有度，雕刻见实见细，整体气势夺人。

龙门记颂

苴却石

作者：俞飞鹏

时间：2009年

作品形略方，色古朴，整体构筑如尘封久远的残卷，全砚寓巧于拙，于简约中见浑成。

歙砚彩带

　　对原生状态的石眼来说，所有的石眼都有心睛。只是，通过敲击开采后的砚料，到达砚雕家手中，见到的石眼，有的可看见清晰的心睛，有的仅仅看得见椭圆的绿色眼形。这绿色的眼形中，有的通过剥刻可看见心睛，有的徒具眼形，实际上已没有心睛了。

　　对经验丰富的砚雕家而言，有的石眼看看眼形即可知是否活眼。更多的时候，制砚者要通过在眼形上使用专业的制砚工具才能分辨其死活。

家有千金

歙石，老坑长眉

尺寸：19.4cm×10cm×2.5cm

作者：刘明学

收藏：吴善根

明学制砚，近年着力于人物的探寻。此砚呈竖式，作者巧砚石中的两条细眉作少女的发辫，全砚取舍恰当，构成严谨，下刀干练，落款尤见匠心。

　　砚雕家在制作一方带眼的苴却砚时，其中必定要做两项关乎石眼的工作。

　　一是雕刻之前，必定要看天然生成于砚石上的石眼，是不是活眼。

　　二是在制砚过程中，要将所有活眼的心晴剥刻展露出来。因而，我们现在在欣赏苴却砚时看到的一个个活眼，大多是砚雕家在制砚过程中小心找出心晴，一刀一刀地剥刻出来的。

甜蜜事业砚

作者：张玉强

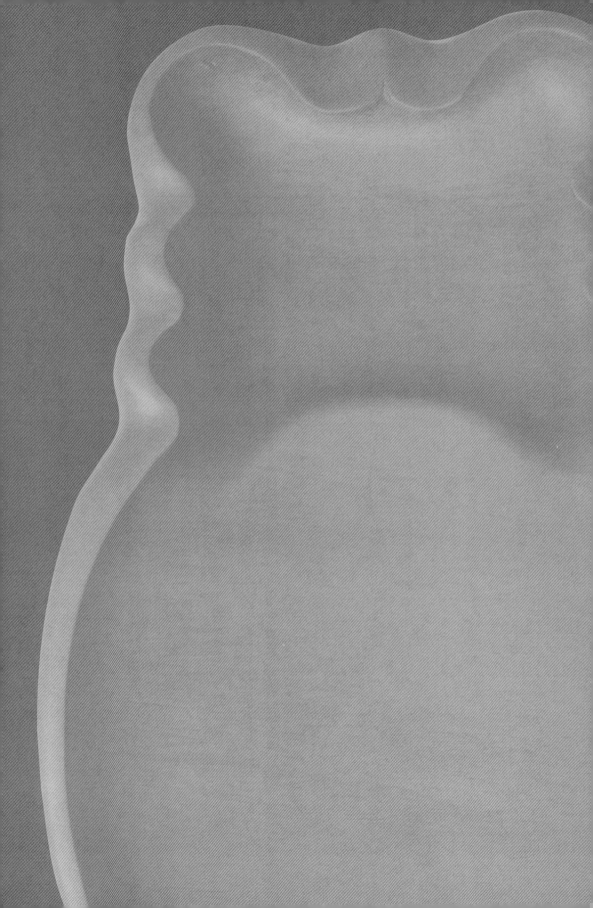

好砚

空寂的夜里，为砚，我愿关去所有的灯，让思
想野逸洪古，在深邃的星空作一番悠远的驰行。

一

在普遍用砚的古代，砚的好与不好，在用。用，和砚石的质地相关，石质好的砚，研磨时利于发墨，墨可以磨得既快又好。

好砚的好，当然又不仅在用。

有人说，好砚，重在砚的精雕细刻。

精雕细刻的砚，可以说明制砚者做砚的认真，但不等于这样做出的砚就是好砚。看一方砚的好，一定要综合地看，比如砚石如何，形态如何，设计创意如何。至于雕刻精细，还要看是该细的细，细得是否恰如其分，恰到好处，还是只知道一味细微的"事"无巨细。

也有人说，老坑石做的砚是好砚。

老坑石究竟好不好，好在哪里？是否出自老坑的砚石块块都是无上妙品，我无意在此作一定论。我要说的是石为石，砚与砚的区别。石出老坑，即便真是老坑石，这也仅仅证明砚石的身份。砚石就是砚石，非砚。一块老坑石，在砚雕家手上或可以成为珍品；在平庸的匠人手中，却只能产出平庸。所以，即便是好的老坑石，做的砚还得看看是谁做的，做得如何，工夫下到什么程度。

好砚石是做出好砚的前提。但砚石好不一定等于砚就好；有好砚石未必一定就做能出好砚。我从来不认为老坑石做的砚就一定好，新坑石做的砚就一定不好。好砚之好，还是要从砚的石、色、品、工、艺等方面认定，不必以是否老坑石来确定。砚做得好与不好，关键在做砚的人，而非老坑石。

出自名家之手的砚就是好砚吗？

名家制的砚，固然有上品好砚，也有一般的平常之作。还有，有名家头衔的，不一定就是真名家。就我知道的看，当代有些名家，名头不小，砚雕得实在不怎么好。所以，千万不能以为，名家的砚一定就是好砚。

名砚，是否都是好砚？

名砚，总体上看好砚居多，但不等于只要是名砚，就通通是好砚。名

金灿灿黄色礝石的苴却砚原石

砚中固然有非常好的砚，但肯定也有非常一般的甚至于很差的砚作存在。

有些名砚，做工的确不错。大砚小品，皆可以雕得入细入理，一丝不苟。一丝不苟说来容易，真正下刀雕刻，要做到却深为艰辛。名砚多有各异的砚雕题材，有的砚上刻有人物，有的砚里花鸟众多，有的山水砚刻层叠丰富，楼阁亭台点缀其间。山水里的人物细小，但雕刻依然细腻到位。有的云龙镂刻得非常空灵，龙极细的须也雕得立体、悬浮。

从好砚的角度看，雕刻得细致、认真、细腻、传统，是做出好砚的前提条件，但不等于这样做了就是好砚。

我和洮河砚，有过三次直接接触。

第一次是在1992年，有位先生带了数十方洮河砚来攀枝花，他托人找到我，想请我去看看。我去看了。从雕的砚看，雕的多的是云龙砚，还有就是寿星和花鸟题材。砚，整体雕刻立体、镂空、深浮。初次见到洮河砚，予我的印象是缺乏砚的气息，不见洮河石的天成丽质，所见的是一批镂空、深雕的石雕工艺品。

我问他，为什么要把砚雕得这么立体、悬浮。他说，在我们那里，雕得立体的砚，买的人喜欢，好卖啊。刻砚主要是把砚刻好，雕刻于砚上的图案，是不必一定要雕得这么立体、悬浮的。

第二次见洮河砚，是在成都。这批砚，依然的深雕，镂空，所雕的牡丹花逼真写实，但仍旧不见砚味，不见洮河石的美质。

第三次是2002年的北京全国文房四宝展。再次见到洮河砚，面目较之先前已大不一样。这次，展出的洮河砚，以人物、花鸟居多，刻工细腻多了，砚的构造不错，亦不再是一味的深雕。

婺源出产歙石的地方叫砚山村，砚山村边有座山叫龙尾山，歙石就出自龙尾山中，所以，歙石也名龙尾石。

歙砚的雕刻工艺，是传统的浅浮雕手法。歙砚之所以雕的是浅浮雕，和砚料有很大关联。歙砚的砚料多呈片状，雕刻不慎，很容易成片脱落。歙砚雕刻虽然浅浮，却雕得工写结合、虚实相间。工精的下刀中看得到写意，写意的约略中可见深功。歙砚雕刻的题材，回纹、云龙、松鹤、竹节、荷花是传统砚雕中较常见，在当今市场上，山水、人物、钟鼎、古琴比较多见。

在屯溪老街，我看到当年砚厂的一个作者的砚，题材虽是松、蕉，砚的布局依旧那样，但是，用刀较以往更圆润，更鲜活，更见自然了。砚，细腻中不失老到，砚雕功夫可谓上了个新台阶。不过，一方砚有过人的刀功是为不错，但仅靠刀功的砚依然非好砚。

回到攀枝花市，在一爱砚人家里，看见一方好歙砚。这砚雕的是荷鱼，砚十分乖小，鱼在荷叶中，有显有露，鱼的眼睛几乎轻描淡写，却雕得空灵活泼，荷翻来覆去地包裹成一团，团里生出砚池、砚堂。砚整体团栾浑圆，令人抚砚把玩，不忍释手。

生有青花、石眼、鱼脑冻、金星、对眉子的砚，当下最受藏家追捧。

砚石上生有好石品或名贵石品，这是砚石的好。将砚石刻成砚，还要看是学徒刻，还是制砚师刻或砚雕家刻，关键要看的是砚刻得怎么样。即便，生有名贵石品的砚，还是砚雕家所刻，刻出的砚也不等于一定好。

泰和通宝

苴却石

作品结合料石创意。砚中，作者对古币进行了多角度刻画，其中在碎裂感、残缺美以及质地、锈迹、陈泥的艺术表现上尤见精彩，显现了作者高超的砚雕技艺及厚实的艺术功底。

二

好砚，好在哪？

制砚人，面对一块天生璞料，要去粗取精，要避开伤残、病线，要造出适合做砚的大形。然后，面砚料相石苦思，构图打稿。有时，为勾画好一个画面，来回反复，画好了擦，擦掉后再画。为一根线的巧妙安排，茶饭不思，入睡无眠。想一代代的制砚人，大多努力地做着砚，想方设法要把手中的砚做好，可是，好的砚总是好，不好的仍是不好。好的，多被人褒爱，传扬。不好的，三转两转便不知了去向。

好的砚，究竟好在哪，不好的砚，又有哪些不好呢？

古代，砚作为不可或缺的日常实用物，想唐宋元明清，用砚者众，善制砚、会制砚的人定也不少，一朝又一代，砚人制出的砚，为数想也十分可观。这些砚或不同题材，或样式各异，或方向不一，或各有风貌。这些砚，有的早已渺如云烟，消失在历史的风尘中，而其中的个别好砚，却历万劫而如常，存留了下来。

我的工作室，存有一方蝉形砚。这方砚，每天我会看到，有时，这方砚在眼前只是晃一晃，有时，我却会一看再看。

蝉形砚，准确的出生年代是何时，我无心作细究考认。可我常想，古代制砚人，我的前辈同行，他们怎么会想出这样做一方砚，同时能将一方砚做得这样的简洁、空灵、端庄、俏皮、实用，还可以一直让你百看不厌，耐人寻味。

蝉形砚不大，其长如普普通通的书本大小，其宽比书略瘦、略窄。砚看起来较高，砚底造浑然圆满，做三足，总体看，整体大至恰好。当下很多砚制，要么以大夺人，要么以小迷人，蝉形砚不。

蝉形砚，外形如蝉、似蝉，却又和真蝉决然不同。它去掉了蝉的很多细枝末节，甚至于没有细节，可它分明是蝉。蝉形砚，它又是砚，有清晰明了的砚的造型，见分工明确的砚池、砚堂、砚边。

黄绿色夹层的苴却砚原石

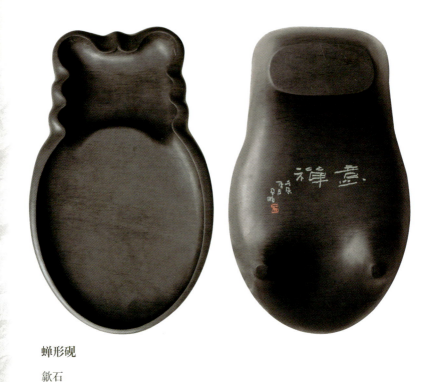

蝉形砚

歙石

蝉形砚，同时还是十分实用的砚，制砚者以蝉入砚，不是要做一只真实的蝉，而是以蝉为媒，做出实用的砚，而非雕刻精细，形象逼真的蝉。

蝉形，蝉是形意、诙谐的。砚以蝉为形，其造型，其样式却是古典、对称、工笔的。蝉形砚，砚样不是一味端方，方正，它一点也不刻板。它是一只鲜活的蝉，甚至是俏皮、生动的蝉。

蝉形砚的高度，在独创的造型，在语言的极简，在定然是砚，在平实自然，在整体的浑朴，在摄人心魄的虚、空和无中生有的无尽的味。

三

一方砚的价值形成，来自作者、砚石、创意，尤其是刻工四个方面。

1. 作者

作者是一方砚命脉的决定者。制砚，不同的层面，对应不同的作者。有的作者，制砚的水准走到了高层，有的还在起步阶段。不同阶段的作者，工精与巧妙不同，对砚的认识不一，做出的砚也就有了层面、价值的不一样。

2. 砚石

砚石，有好与不好，有优劣高下。砚石，是衡量一方砚基本价值的关键所在。

3. 创意

分两方面说，其一，同一块砚料，不同阶段的作者，由于对砚石认识深浅不同，对砚雕艺术的掌握、学习、了解、运用程度不同，因而，出来的创意会不同。其二，同一作者，灵感心态不同，创意出的作品仍有优异与一般之别。

4. 刻工

工，是制砚功力的具体呈现。

一方砚，为何要看工？其一，工，有阶段性。初级阶段，工是学砚时的学像之工，这一阶段，一方砚上看不到什么雕刻功夫，因而也见不到什么工。中级阶段。下刀见工，有些砚能见到如工笔画样的精细刻工。这样的工，是进入砚雕师一级的功夫。其二，工，体现在砚上的是见自然的工。砚分明下刀雕过，但雕过的地方能不做作，得自然，能融天工与人工于一体。其三，更高的层面的工，是无我之工。

工的级别不同，砚的价值各异。

从制砚角度说，好砚，至少应有以下几方面。

第一方面，专业。

砚刻得好与不好，是否专业是首要环节。

一方砚做得是否专业，看哪些方面？从专业角度看，做得好的砚，砚边、砚池、砚堂分布是恰当、恰好的。说具体点，砚边的宽窄，流变，砚池的大小，包括深、浅、空、灵与圆润程度，砚堂面积之大小，之过渡，之变化，是合适、合情、合理。要做到这几个"合"，达到开合有度，看似易，实尤难。

一流砚雕家的水平，其所以高明、高人一筹，个中的不同尽管多样，其中之一也体现在这。你也开砚池，挖砚堂，做砚边，他也做。你不雕图案，他也不雕。你和他做的，或有舒适和不舒适之别，或有好看与不好看之分，或有专业与不够专业的不同，个中定然存在着高低与文野。这之中的同与不同和什么有关？我想，和你对砚的认知、认识，和你做砚量的累积，和你制砚分寸感的掌握，和你综合的修为、素养，和你的美学观以及审美取向等都有关联。

砚要刻得好，或要把砚刻好，首先，你得学会专业刻砚，刻出专业的砚。

第二方面，严谨。

砚的严谨，从砚本身来看，一是作为砚的严谨。二是附属于砚的图饰的严谨。三是砚的整体艺术处理的严谨。

一方砚刻得是否严谨，当然不仅在以上所列。在此，我着重说三方面。

其一，砚的严谨。

受过专业训练的制砚者，多知道些制砚的严谨，比如方形砚的砚边，左、右侧的边线，工就要工得一丝不苟，宽窄一样，若在其中起线，这线的粗细、长短、高低仍然要严谨得一样。

还以长方砚为例，做长方砚，不仅外四角要严谨得一致，有些砚的内四角，其中的圆也要做得弧度、大小一致。砚池的深浅、高低要恰到好处，过渡自然。这尤其需要制砚者的严谨，这严谨不仅在手上的功力，更在于制砚者的心境。

砚的造型，同样讲究严谨。很多砚，需要制砚者自己造型。型造得好

松花石仿清宫葫芦砚

绿色石、绿刷丝

尺寸：18.6cm×11.5cm×3cm

雕刻：潜龙砚坊

收藏：中国松花石艺术馆

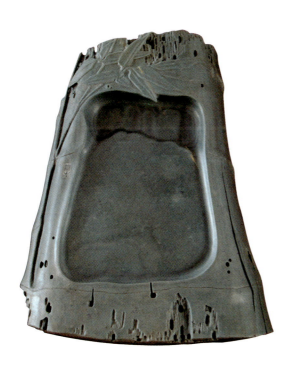

松花石竹节砚

绿色石、平纹

尺寸：21cm×16cm×3.2cm

设计：李兆生

雕刻：李兆生

收藏：中国松花石艺术馆

踏雪远沾

苴却石

岁华

苴却石

砚以山涧中的竹叶、灵芝为题，砚的堂、池，如雾水的自然漫开。全砚若水墨泼写，又似不期而至的空山新雨。

不好，美不美，高与低的恰好，虚与实的相谐，直与曲的妙合，这其中很有可能出现增之一分则长，减之一分则短的现象，如何处理，亦在你细微的严谨。

其二，附属于砚的图饰的严谨。

砚的图饰众多，比如砚上雕物，这物和他物的比例失衡，所雕之物与砚的大小失调，所雕的人，出现头大、身小、手细的情况，个中原因和作者没学会严谨的造型相关。

有的人制砚很干净，有的制出的砚乱作一团。有的下刀一丝不苟，收放有度，能层层深入细腻入微，这仍和是否习惯成自然地严谨制砚相关。

其三，砚的整体艺术处理的严谨。

如果说，砚边、砚池、砚堂是构成砚的胴体，那么，雕刻于砚上的图案则是给砚穿上的美妙的衣装。

砚的美，不仅美在砚石、石品，不仅美在雕刻于砚中的图案，砚是整体流淌出来的美。影响一方砚的整体，或导致一方砚不整体的因素很多，有砚本身的石形所致，有料石的、有图案的，如何将它们统一于一砚之中，需要制砚者具备超凡的整体艺术处理能力。而是否拥有这样的能力，还是和砚作者制砚的严谨相关。

第三方面，别出。

一方砚，刻得专业、严谨，只能说是基本要求，我们的端砚、歙砚，有很多都具这样的要求。从好砚的角度看，砚不仅要刻得专业、严谨，还在于你的砚能刻得与众不同，能卓然别出。

刚用水洗过的苴却砚原石

大家都雕龙，一段龙头，一截身子，一龙尾，四龙爪，数朵云，你也这样雕，龙的造型一样，画面构图一样，手法也一样，这当然非别出。比如，大家都雕蘑菇，陈端友也雕，但陈却可以做得别出，能另开新境。大家都用工笔手法做砚，有人用写意手法，也刻出了新路。别出深为不易，陈端友刻蘑菇，没走之前顾二娘刻的套路，其别出的背后，有扎实的砚雕功底作支撑，与海派画家的交往影响亦深有关联。

我们的砚林，称得上别出的砚十分稀见。

别出，当然要结合砚材，因材施艺。有人将别出定性在意境的构筑上，这是一种别出；有人将别出锁定在形式构成上，这当然也是别出；但是，这样的别出仍是苍白。

我认识一位砚作者，制砚的专业功底一般，尤其手法单一，他想弥补这一不足，怎么弥补呢，正道是多刻砚，多尝试不同手法。他不，他想走捷径。

他把弥补功底不足的重心押在构思上，以为重构思就足以。于是，砚料上的一个小小的点，一根天生的别样石线，他总要琢磨着构思，总想于柳暗花明中悟出一结合料石的别出的题材。

这样的构思显然也不易，非常地考验人。需要的不仅是时间。

我对他说，发扬你构思的长处，得注意有意识地补上手法的不足。他没重视，依旧重他的构思，没见过他砚的，颇觉得新奇，看过的，知道其面貌就那样。

别出，在题材、在构成、在构想、在手法，也在你对砚的深层次把握与拿捏，更在你的艺术天分和长年修来的综合素养。

第四方面，自然。

有了专业、严谨的做工，加上别出的手法、构想，这样的砚当然可称为好砚了。砚雕家在这样的基础上继续前行，求砚雕艺术的天人合一，自然浑朴，砚的水准当是更上层楼。

砚是人为雕出的，不雕不成其为砚，但是，制砚的高层次却贵在自然，在不雕。

不雕，是何意？

1991年我到攀枝花，和一砚雕爱好者谈到不雕，他牢记在心。过了半个月，他找到我说，你说的不雕行不通，我试过，不下刀雕刻，砚怎么雕得出来。

砚的不雕，说的并不是你不要去雕刻。

不雕，是一种境界。不雕，从砚上说，指的是你一刀刀雕出的砚，能达到人砚合一，融通一体，得自然出天趣。砚，分明是你雕刻的，可你出手自然，如天造地就，尽去雕琢气。砚雕过，雕了，却如同没雕一样。

雕砚，是否不借助电动工具，纯手工雕的就是好砚，就是自然的砚呢？非也。且不说现在不借助电动工具刻砚的很少，也不说我一意孤行地偏爱手

太极
苴却石

书蕉图
苴却石

工制砚。刻砚，理应用什么样的工具刻都可以，怎样刻也都行，个中关键，全在于你刻出了啥样的砚，在你如何能刻得自然，不雕，在刻的砚怎样。

砚之好，不在砚的大小，雕的多少，而在作者刻出的砚，蕴涵怎样，融入如何。你的观念、知识、学养、品位、层面，对砚的把握、手法、功力、水准、追求、探究，等等，皆可以融入一砚之中。而好砚，关键就在于能融。

做砚，做的是减法，而砚雕家的水平，却在于制砚过程中的不断能

水秀江南

石出婺源眉子坑

尺寸：27cm×25cm×5.2cm

作者：吴华锋

砚，一如的清冷，刻，刀刀入细，深入微理，还有作者喜爱的静谧，以及融入砚中的闪烁着波光的一碧清溪。

唐人诗意图

苴却石

融，在于厚实，在可以让砚做得有深度，有厚度，有文化味，具文士气。

　　好砚，还在能做得浑然浑成。浑然，是浑实后的自然而然。实，是一个砚作者的实力，是能否做出好砚的能力。做出的砚能浑实而自然，让天成的砚石与人为的施入，比如砚的元素，题材，工艺和刀工，韵味等浑然一体，人天合一，这实在非易事。

　　好砚的好，一定不仅仅在像砚，是一方砚。而是建筑在是砚、像砚基础上的好。要出好砚，得在这好上做出别样的文章。而这样的文章，依凭的定然是砚雕家综合的东西。而不好的、一般的砚，虽有这样或那样的不好，其中，最缺失的仍然是砚、像砚基础上的东西。

苴却砚原石

一

从学徒到成为能画能刻的砚雕师，这一过程约需要10年左右的时间。而成为大师，需要的却不仅是时间，有人一生在砚里摸爬，最终只能当个砚雕师或成为技高一筹的优秀的匠人。

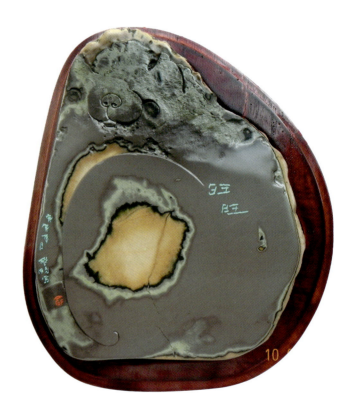

旺旺

尺寸：26cm×21.8cm×4.5cm

作者：俞飞鹏

此砚，雕刻有感而发，点到为止，一气呵成。

砚的构思源于砚石中的两小黑点，黑点不是什么，但恰似什么。经一番开堂做池，边刻边想和深入浅出的细节刻画，最终形成这一样式。

二

　　早年，婺源有个上海知青，因写得一手好唐楷，被调入县城抄写大字报。他写的唐楷有多好？按时人评介：一点，一划，一撇，一捺如印出一般。

　　我那时小，还在读初中，和婺源很多的父老兄弟看法一样，对他写的字，打心底里赞叹。

　　很多人都说上海知青的字好。文化馆有个老师，却说了不同意见。他说，这人的字是匠字，学死了，不好。

　　写字，还有匠与非匠的区别？还有写活与写死的个异？这在孩提时的我，实在难以明白，更无法理解。我当时想过，那么多看过他字的人都说好，这人的字应就是好的，因为，大家都说好嘛。为何文化馆的老师要说不好呢？是不是文化馆的老师，自己写不出好字，就说人家的不好呢。

　　后来我知道，对一件事谈谈观点、说说看法，是不一定非要自己做得出，才可以去品头论足，说三道四的。也知道，多数人看好的事，很多时候未必正确。还知道，一天天不断地重复做一件事，可以让人做到极致，亦能让一个有灵性的人失缺灵性，成为工匠。何为工匠呢？我以为，只知道这样做，重复地复制，一板一眼，不知道活用、融通、灵变、创新者，应就是工匠也。

　　写字的上海知青，想当初他悬腕习字，是想学出一手好字，没想自己会成为写字的匠。

　　写字与砚艺，艺理如是。大到一个砚种，具体到一方小砚，若只是继承，依样画葫芦地模仿，即便行到一丝不苟，如出一模，也应是不能怎样的。

三

刻砚，为什么而刻？

一块小料，形说不上有多佳美；生于料石上的品、色未必珍稀可人。以买卖的眼光衡量，实在没必要翻来覆去不停地构想，反反复复地推敲琢磨。因为，这样一小块料石，任你怎么刻，似乎都值不了几个钱，换不来很多银。

有人算过一笔买卖账，精雕一方小砚所消耗的时间，可以轻松雕出几方大而好卖的商品砚。在一般人看来，这种划不来的刻砚是难以理解的。是的，好料大料嘛，多花点心思，小而一般的石料，何必这样。

就我知道的看，大凡有所造诣的砚雕家，所选择的刻砚途径，多是一般人看着划不来的那一路。

我常爱问自己，你刻的砚，合乎于心吗？

于刻砚，我爱提到得意忘形。喜欢得意后的忘形状态。一块料石在你手上，经琢磨，历推敲，或巧形、或用品、或俏色，踏破铁鞋之后，终于柳暗花明，这是一得意；一方砚，经你千锤百炼，最终达到你理想的境地，这亦是一得意。刻砚，行到这一境地，所谓砚石中的形状、色彩、品地乃至身价，等等，这些，都会因你的得意如烟云消散。

有人问，刻砚，如何能不断进步，能成为砚雕家？我想，刻砚上进步不了的或难于进步的，多是对自身，对砚雕艺术得过且过的人。多是一块料石拿在手上，想想就不再作进一步的深想，总是算了，过了的人。能够不断进步的砚作者，面对一块砚料，不会动不动就随便刻，刻不好就不了了之。他们于刻砚，讲求的是一份责任，追寻的是一种心境，他们是能为荣誉而刻砚的另一类人。

四

砚林中，有很多人会雕龙雕凤、雕山雕水、雕人雕物。师傅教他怎么雕，他就怎么样。但是，砚界的进步发展，发扬光大，是一定不可以泊于继承，仅靠模仿的。面对一块砚料，大师的水平，不在能雕出东西，能刻出是砚的砚。

大师做的砚，有自己的面目。砚上即便没刻字、作铭、留印，也带着他的符号、色彩、思想、见地、修为、学养。我以为的大师，是指在砚雕艺术上能继承，有继承，在继承的基础上，知变化，善创造，有砚内功，具砚外功的这样一些人。他们知道如何将砚刻得妙趣横生，让砚作妙笔生花；他们善于因材施艺，可以在砚石上随类赋彩，泼写才情，融入思想。

松花石仿清宫桃式砚

黄金裹玉、绿刷丝

尺寸：14.2cm×9cm×3cm

设计：孙明涛

雕刻：潜龙砚坊

收藏：中国松花石艺术馆

五

砚界，自从有了大师评定，各地相继有人评上了大师，有些评上了省级，有些评上了国家级。

大师，在我心中，永远是令人崇仰的高峰。

大师与平常者不同。比如砚雕方面，平常者，也就称作砚雕师而已。大师之所以大，当然大过平常。

我认为的大师，应是一个行业、领域里的领军人物，是佼佼者。他走在同行的前面。作为砚雕艺术大师，在砚的雕刻上，他的用刀，他的手法，他的制砚方式不应仅是传统的，师承的，而是在深具传统的基础上，自成一家，有不同于他人的独创性，有独树一帜的个人风格。在设计的用材用料上，他不应是停泊在别人已知的因形、因色、因材施艺上，设计的题材也不都是传统的、常见的、一般人能应付的题材。大师，能于平常中生发不平常，于别人感觉平淡中见匠心独具。在砚雕艺术上，大师有自己独出心裁的思考、见解，同时在砚雕作品中有超出常人的体现，有前所未有的前瞻性。在学术上，他自成体系，有钻研，有著述，有研究成果和有学术成就。

对于大师，我爱说行到。行，绝不同于评。行也不是走，并非是说一个人只要坚持制砚，总有一天会走到大师这一层次，水到渠成地成为大师。大师的路，远非如此轻易。行到，当然更非指的拿到大师证书。大师证，固然不是想拿就可以拿到，不过，大师证总有人拿得到，行到大师这一级却极其难。

大师，是国家授予工艺美术行业人才的荣誉称号。

第一次知道我可以参评四川省工艺美术大师，着实惊讶。那年我才28岁，进入砚雕行业才11年。

我想，那年我若积极申报，顺利评上，28岁的我是否就是当然的大师了？真不敢想，实不敢当。

夏凉图

苴却石

游春图

歙石眉子、细眉纹、金晕

尺寸：61.2cm×26.7cm×3.5cm

雾锁柳梢，几丝细柳，轻扬于春风里。碧水如练，隐隐行来一雨篷船，船头坐一文士，临风望月。全砚造境空阔，主体突出，刀工细腻，意境悠远。

印象

苴却石

作者：俞飞鹏

时间：2007年

作品以一根灵性幻变的线构就。
砚，随意，简约，自然，如水墨
画的随意泼染。

1999年，再一次听说我能申报四川省工艺美术大师，那时，《百眼百猴》巨砚已荣获第五届中国艺术节金奖，我的几篇谈论砚的小文章陆续地已在《中国文房四宝》杂志刊出，手头有已创作完成的后来荣获首届全国名师名砚精品金奖的《皇宋元宝砚》，算算工龄我也有20年了，于是，我参加了申报，也就在那年，我正式成为四川省工艺美术大师。

在成为省大师之后的几年里，我仍然地问自己，我是大师吗？名副其实的大师？之所以这样问，是因为我深知，要成为一个真正的省大师，实在不是通过评审，甚至一次评审就可以的。

对评定的大师，我向来这样看，一个省级的工艺美术大师，代表的是这个省份的工艺美术方面的水平。以制砚行业看，成为省大师，首先，你的砚雕艺术水平、学术层面、独创性、砚雕艺术影响力等，在你从事的砚种中，应是名列前茅。其次，要成为制砚界的省级工艺美术大师，不仅要在自己从事的砚种名列前茅，在全省，一样应是屈指可数。

大师是什么？

在一个领域里毕生钻研，你可能成为这一领域的师，但未必是大师。

大师，指的是人类社会不同领域中成就卓越的个别人。大师之所以大，其贡献，在人类某个领域里有非同寻常的贡献。其创造，是独一、特异的创造。其成就，是卓越、不凡的成就。

我崇仰大师。

曾经有一段，人们谈到谁或谁时，较喜爱冠以大师头衔。又一段，国内对何为大师有过许多争论，其中以陈丹青先生的关于大师的一篇文章别有影响。

若干年前，工艺美术界授予的大师称号，主要授予对象是一些身怀绝技但年岁不小的老艺人。也就十来年左右，大师相比教授、高工，甚至一些艺术家，突然间在人们的眼里大不一样了起来。

大师，已然成为技艺超凡者的化身，成为可以点石成金，化腐朽为神

抚琴砚

苴却石

作者：张建国

砚轻浅下刀，依石俏色。色的流韵是精心而为，却予人以天趣自然之感。画面中的一轮圆月，大小恰到好处，不仅巧为砚池，同时，它予朦胧以清晰，寓意蕴于幽远。

奇的一类人。大师，仅一个"大"字，足可以让人有无边的想象。

一把紫砂壶，看着大小没什么两样，是大师做的和不是大师做的，身价就可以不一样。在利益的驱动下，于是，想方设法弄大师称号的高工、教授忽地多了，千方百计谋大师称号的地、市级领导，甚至知名画家有了。一些地方，徒忽然摇身一变成了大师，师因为不是大师，因此一朝反目。有些地方，为评大师，开后门走关系，比学赶帮超。有些地方，雕得差的成了候选人，刻得好的成了告状者。有些地方，以为拿钱可以买到大师，把评大师当成了做生意，花钱评大师成了做生意的投入。还有些地方，以评上大师或评不上大师论英雄，重视被评上的大师，轻视没评上的落选者。评上的哪怕技艺平平，也可以一夜鸡犬升天，落选者即便有真才实学，或从此门庭冷落，少人问津。

大师评定，让不懂的评懂的有之；让水平低的评水平高的有之；让非专业的参与评定亦有之。用心做学问，埋头做作品，培育出大师的，未必是大师，只关心自己一亩三分地的，可能正在成为大师。

知秋

苴却石

作者：俞飞鹏

时间：2011年

溪涧渔隐
苴却石

几年前，我和刘克唐先生一起参加中国文房四宝高层论坛，其间听说，有人为拿大师本本，价钱已出到了100万。

一次，参加吉林省委宣传部主办的松花石国际论坛，有个省大师对我说，今年，他想去评国大师，凭砚雕实力，他觉得应当去，他最担心的，怕的就是不靠砚雕的实力评，怕凭关系、凭金钱。他说，现在，有钱的老板大师越来越多，老板大师们，动不动就说，要拿几百万去"拼"个大师。

因为评上大师，影响大，利益大，当下参评大师，手段可以说八仙过海，手法可以谓无奇不有。有想直接靠钱和关系弄的；有差到连自己的作品都不敢拿出来，抱别人作品去参评的；有想靠伪造获奖证书，假论文业绩，编造假申报材料去骗取的。长此下去，以本本论高低的大师时代，还能走多久？

卓越的大师，不是一城、一市、一省，甚至一个时代，想成就就可以成就的。

有人说，大师越多越好，我的观点：其一，大师永远在少。其二，任何一个工艺美术行业，不够资格的大师越多，对这个行业的发展只会越不利。一个砚种，省一级工艺美术大师，总数在五到八名总比二三十名更好。

这些年，端砚评上大师的多。歙砚，有大师头衔的，少之又少。大师多的端砚，是一年年在进步，大师少的歙砚，总体上的精进一样显而易见。

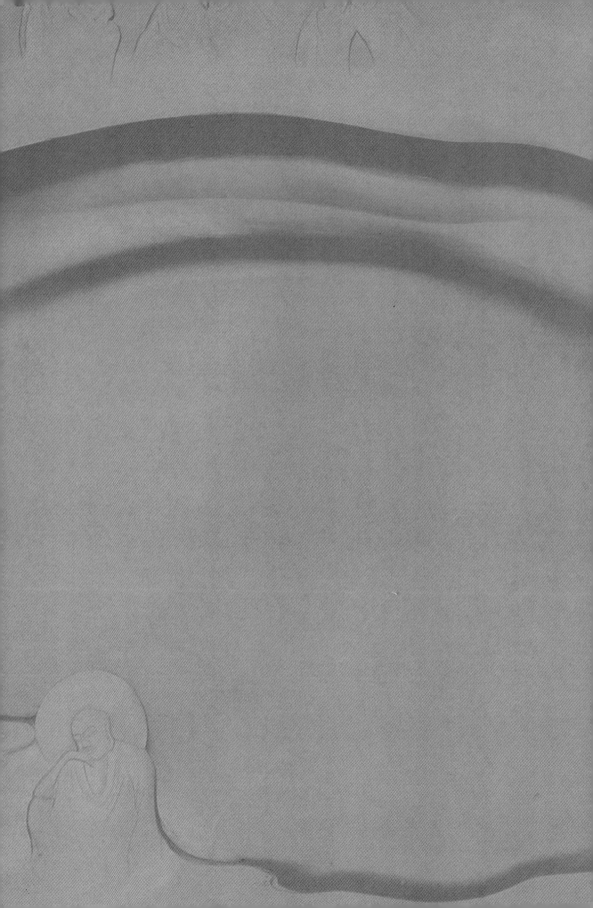

收藏

　　我不知道，若干年后，砚是否会成为藏界的稀珍；但我知道，砚终究要往博物馆去，会远离我们的日常。

一

砚的收藏，是古人的一大雅好。

苏仲恭，中国宋代，以自己一座豪华宅邸，向米芾换得一方一尺多长的名砚。金农，中国清代，荡尽家产收集佳砚，号"百二砚田富翁"。高凤翰，中国清代，一生嗜砚如痴，收藏各式佳砚达千余方。

收藏名砚，老外亦喜好。

坂东贯山，日本收藏家，毕生收藏中国名砚，卖掉一千平方米房屋，换得15厘米小砚一方。井上恒一，日本收藏家，将收购的一百方中国名砚，编印成《百友砚谱》一书。桥本关雪，日本收藏家，收藏中国清末民初《沈氏砚林》所记载的一百五十八方佳砚。

仲秋

苴却石

只研朱墨作春山

苴却石

二

前不久，有人花了10万元，收藏了一方大砚。

砚有办公桌大小，砚刻的是人物，雕的是饮中八仙。砚石上，有石眼432颗，收藏人买下这砚，有如捡了个大漏，着实兴奋了好一阵。

看过这砚的人，几乎清一色地说好。这天，收藏人把我请到他的办公室，让我看了看这方砚。

其实，以"饮中八仙"为题做的砚，我前后见过多方。"饮中八仙"入砚，来自画家华三川的画稿。这样的砚，做砚人之所以一做再做，是因为这类题材喜爱者众，这一方砚，估计也是做出不多久，便到了买家手上。

这样的砚，藏砚人请我来，主要是想听我说说，看收藏得值不值。此砚，一从砚石看，这是一块难得一见的堪称稀品的砚石。二从砚本身看，"饮中八仙"，八个人物是画谱上描下来的。表面看，八个人或坐或卧，形象各异，其实原创是画家的。制砚者做的仅是搬运的工作，将画稿上的人物搬弄在了砚上。三从效果看，八个人物，根据砚石的形态，特色，应怎么放，怎么结合砚的关系安排，如何安排好看，作者还不太了解。四从雕刻看，将平面的画变成雕刻，如何刻，作者还不老练，作者的用刀、下刀还比较生涩。

万历通宝

苴却石

　　藏砚人说，他爱砚，时而也会收藏几方。见到这砚，有那么多的石眼，一下子惊住，当时便买下了。

　　收这样的砚，有无价值呢？有，它的价值，最主要和最有价值的是砚石的价值。

　　作为藏砚，收藏人要分清藏砚还是藏石。

　　若是藏砚，此砚的收藏有多处欠考虑。其一，画稿是画家的。其二，砚的创意不具原创性。其三，类似的砚市场上已有见出，可能还会再出，不具孤品价值。其四，作为收藏，买砚之前，对作者的制砚水准进行必要了解，是藏砚人应做的功课，此砚的收藏，显然缺了这一课。

　　既是藏砚，我以为，着重在砚好，在砚的价值。此砚，尽管石眼众多，堪称绝妙，从藏砚看，作者藏到的只是砚石的价值，缺失的恰恰是砚的价值。

竹月图

歙石老坑眉纹

尺寸：23cm×16cm×4cm

作者：汪新荣

三

李先生爱藏砚，一天，他来到我的工作室，谈了他的藏砚观。

他说，收藏一方好砚，首先，砚池、砚堂要齐备。其次，要见雕刻功夫。再次，好砚，雕得要像一幅画。

1. 关于砚池和砚堂

做砚，砚池、砚堂，是一方砚的要素。做砚，做出砚池、砚堂齐备的砚，这是基本要求。但是，砚池、砚堂齐备的砚，不等于就是好砚或高档次的砚。我们的砚界，有太多的人会做这样的砚，砚堂是规范的，砚池是开得四平八稳的，砚也雕得仔仔细细，可这样的砚，让人看看，大多会一晃而过，为什么？其中最主要的原因，或许就出在他做砚的过于齐备与过于规范。

做砚，要不要讲规矩。要，一定要。但是，当你为规矩所缚，只知道依规矩做砚时，这样的砚，即便再规矩，也算不上优秀。

砚雕家制砚，可以寓砚的规矩于其中，却从不为规矩所缚。这就好比规矩是镣铐，你却能带着镣铐，自如自由地舞蹈一样。

2. 关于雕刻功夫

雕刻功夫，是制砚的砚内功夫，是做出好砚的必要条件。藏砚，藏有雕刻功夫，做工到位的砚，方向是对的。不过，还要看做的砚因材施艺怎样，应物象形如何，雕刻下刀是否有灵性，见功力，若这砚和平日见到的砚一样，即便做工还行，依然没多大藏的价值。

3. 关于雕得像一幅画

至于好砚，雕得像一幅画，我的看法是，好砚，不在于像什么，全在砚要好。砚好，好在哪？其一，好在砚雕的工夫。一个砚内工夫成问题的制砚者，很难让人相信他能做出好砚。其二，要好在艺术，比如设计、构筑，比如因材施艺，比如意境，等等。其三，砚石要好。砚石好，好在哪？好在石形的美，好在质地的优，好在石品等。其四，砚味要好。既是在做砚，你做的砚得具砚的语言，得有浓郁的砚味，得是一方砚，而非一幅画。

四

藏砚，有人目标确定在名砚。

砚林中形成特色的名砚，总带有自己的印记、符号，观念、色彩。它们团滞于物质的砚，更与非物质的技艺密切关联。一天复一天，人们对很多看到、感受到的砚种，形成符号化的"是这样"的认识。

以下是我看名砚的印象，横看成岭侧成峰，我的名砚印象，纯个人，纯感觉，纯制砚人的角度，和符号化的"是这样"大有不同。

端砚，专业上看，砚雕特色突出在"显"。

作为名砚种，端砚厚实的雕刻工艺明摆在那。从做出的砚看，端砚的雕刻，下刀的地方总是要凹凸出点什么，要做点什么，这是端砚的一贯的风貌。在其他砚，雕刻上或可一笔带过的地方，在端砚不。端砚总要见刻，要凹凸，要雕出东西，所雕的要形象化、具体化。就如说话需说明白。雕，在端砚就是要雕清楚，要刻出来。

显，是显现，是明显。显，显示的是端砚扎实的实力、功力。

歙砚在"隐"。

很多砚种的砚雕，都以工笔画的手法入砚，因而，刻的东西很见工，如工笔画般的一刀一刀的严谨、准确、精到的功夫。

歙砚入砚的手法，是见工的手法。从做出的歙砚看，突出的特色却不在工，而在见灵性见机巧的隐。歙砚的隐，像山间碧潭里的鱼儿，这些鱼在清静清冽的水里，自如、无拘无束地游弋。最像歙砚隐的，是在你想看清鱼的什么时，鱼，机敏地一溜，隐了，了无踪影。那一瞬，最像。

洮河砚在"淘"。

洮河砚，过去断断续续地见过一些。近些年，很少得见洮河砚整体的面貌。整个砚种的情形，实力怎样，难有判定。洮河砚，像是一直在努力地淘，是千淘万沥，吹尽黄沙？是要淘掉一些旧观念，旧印记，旧面孔？或许是，但不能安定。总之，时而可见洮河砚淘出点东西，或新的，或似

一叶知秋

黄石砚，玉黄石

尺寸：32cm×39cm×4cm

作者：白万军

此砚，作者着力刻画的是秋天的一片荷叶以及荷叶投下的影子。

砚中，荷叶被俏雕为橘红色，荷叶的影子被巧妙地做成了砚堂，画面中的枯叶、水草，是大自然的神奇一笔，亦是作者精心使然。

荷叶俯身的一瞬，让我们看到的不只是它的影子，而是生命、情感的倾心吟唱。

曾相识。一会，又不见了。待到再次见洮河砚，又会见到其淘了点什么。淘，意味着在动。动，总比一成不变地按兵不动好。

澄泥砚在"陈"。

记忆中，特有印象的几方古砚，如《十二峰陶砚》《朱砂荷鱼砚》《蟾形荷叶砚》等，全属于澄泥体系。

从见到的新澄泥砚看，澄泥砚的特色着重在"陈"。君不见，一次次与澄泥砚相会于展览厅，澄泥砚总是鲜见出售，重在陈列。

踏雪寻梅

黄石砚，黄玉石

尺寸：40cm×27cm×4.5cm

作者：白万军

砚，构筑简洁，用色精彩，雕刻细腻，人物刻画传神生动。

以踏雪寻梅为题入砚，照搬古代画谱的众多，作者自己独创的极少。此砚，作者不仅刻出了踏雪寻梅的新意象，同时，在砚上表现出了寒风凛冽，雪花飘飞之感，这是此砚之精妙，亦是此砚之难得。

云海呈瑞

贵州紫袍玉带石

尺寸：20cm×20cm×3.3cm

作者：吴荣华

海如云起，云若海生，清波流荡处，神兽自由嬉戏于其间。作品以小搏大，刀刀入细，见工见心，一丝不苟。

从新出的砚作看，澄泥砚多重古制、砚形、砚貌，浑朴高古，酒是陈的香呢，澄泥砚，愿"陈"的继续好，新澄泥越来越好。

苴却砚在"丽"。

1985年，苴却石再度面世。经历了草创时期的摸索，1991年，攀枝花市的第一家生产苴却砚的砚厂终于挂出厂牌。1995后，苴却砚已开有数家砚厂。历经反复地多次地洗牌，到2000年前后，大厂先后变小，厂里的技术骨干，开始了犹抱琵琶半遮面的创业。

姗姗迟来的苴却砚，积存多年的力量，似乎想要的就是在当代亮丽地绽放。因而，在砚界，苴却砚予人的感觉是响亮的丽，异彩纷呈的丽。雕法多样，让人目不暇接，眼花缭乱的苴却砚，透过表象看，最大的特色在丽。

月光曲

黄石砚，青紫石

尺寸：45cm×26cm×5cm

作者：白万军

宁静的月下，精心俏雕的牡丹，悄然绽放。两只绶带鸟不约而同地把目光转向
远处的一轮圆月。万千缠绵，此时此刻都融入这浓浓的月色中……

此砚采用名贵的青紫石俏雕而成，牡丹、绿叶，尤其是紫红色的花瓣中泛出的
淡淡绿色，以及由绿色渐变为黄色的枝叶，给人一种清新而又脱俗的感觉。两
只惟妙惟肖的小鸟，因为鲜活的丽彩，尤其惹人喜爱。更让人惊喜的是，一轮
圆月中，黄绿紫三色相互交织，弥漫开来，犹如一幅绝妙的天然图画。

丽是鲜丽。丽，也在明丽。丽的同时，多点沉着、厚重，具点内涵，当更好。

鲁砚在"朴"。

山东出有不少好砚，在此通称鲁砚，鲁砚，最不易见的是它的全貌。朴，说的仅是概念。朴，在简约，在无华，在实质。

松花砚在"索"。

索什么，是对历史，对宫廷砚的追索？还是对制砚，对砚雕艺术的思索？好像都是，又好像不全是。

易水砚在"易"。

易，当然不是指制砚的轻松容易。易，是变化。易，状若易水砚的面孔，感觉易水砚总在变幻，一会深雕，一会圆雕，一会一个巨砚，一会又出大作。易，看似容易，相信背后的努力奋斗，有太多艰辛和不易。

黄石砚在"新"。

没有传统的制约，没有做砚的框框。黄石砚，做得自由又自在，一脸的新面貌，让人耳目为之一新。

蟾聚图

大道自然

黄石砚，紫石

尺寸：46cm×42cm×8cm

作者：白万军

砚料天然成形，如山谷，若峰峦。作者依石随形，留皮用色，只在山谷间约略下刀，辟干山谷中的砚堂，如山谷中的一潭清碧。此砚，别具一脉探索性，作者通过原石的质朴与人为的工细，以期达到人与自然的相生相谐，浑成互融。

五

各地砚石都在疯涨，好砚到处都在惜卖。

多年前，我说好砚值得收藏，现在已是不争的事实。不少人给我发来砚图，问砚怎样，行或不行，值不值得收藏，想听我谈点意见看法。

以下，谈谈藏砚的几个热点问题。

1. 关于藏砚

藏砚，首先在砚。藏砚不在砚多，而在砚好。藏砚确实需要懂点砚，能慧眼识宝。藏砚，能否藏到好砚，果断很重要。

攀枝花有两个藏砚人。一个藏了100多方砚，数量不错，砚上不了档次。一个藏了几方砚，远远谈不上量，方方一流。

藏了100多方砚的人对我说，他藏砚，自己觉得好的就买下了，藏的砚究竟好不好，确实不知道。

藏有几方上品好砚的人，也谈了藏砚经。其一，多看。每有空闲，他会到砚雕家工作室、卖砚的砚店四处看看，见到好砚，留存于心，不露声色。其二，多问。遇到不了解的问题，不易分辨的好作品，多问，多学，了解其中的好与不好。其三，下手果断。对再三看好的好砚，一旦决定，谈妥价钱，果断买下。

彝家三月

作者：俞飞鹏

2. 关于收藏石品奇妙的砚

生有明贵，珍稀或奇妙石品的砚，是否值得收藏？我以为，收藏可以，值不值得要视具体情形而定。

收藏这类砚，应注意的事项是：其一，要看砚的设计创意怎样，要看雕刻如何，若前两项很好，加上石品佳绝，可作为收藏首选。其二，砚整体上看一般，石品特好，可作收藏考虑。

3. 关于名家砚

名家，大师是一个砚种艺术、思想、方向的引领者，带头人。

制砚是一高度个人化的工作，既劳心又劳力；既要付出心智还得支出汗水。

一个名家在砚艺上奋斗一生，他的作品只能是可数和有限的。

刻砚，靠的是一刀复一刀的慢工细活。通常地看，作画和书法可以一鼓作气，一气呵成。砚却不可能一挥而就，一方砚，从最初的下刀到最后完毕，耗费几天到数月都是正常情形。

真正的名家手制之砚，因少生珍，当然值得收藏。

注意事项：其一，作者是否为真正名家。作品档次、层面，作者在砚界的影响力、名气、声望，等等。其二，作品是否确为名家手制。

4. 古砚

古砚可以收藏，见一方就藏一方。理由是：古砚永远稀缺，只会越来越少。

注意事项：是否真为古砚。留心赝品。

5. 关于砚价

2010年8月，我应邀参加中国北戴河当代砚雕大师作品邀请展。此次邀请展，全国共邀请五人，他们是：端砚的黎铿，歙砚的方见尘，鲁砚的刘克唐，苴却砚的俞飞鹏，歙砚的吴笠谷。

参展作品，大小多在20厘米～25厘米。

从作品价位看，特殊砚价8万元～20万元。基本价位5万元～8万元。

2010年，端砚，歙砚，苴却砚的基本市价怎样？以20厘米大小的常规砚价为例：

端砚（普通品种）：500元～800元

歙砚（普通品种）：400元～800元

苴却砚（普通品种）：400元～800元

以上为大约砚价。具体情形多有不同，比如苴却砚，同等大小，普通品种，价位有的低至300元左右，有的高到1500元～2000元。端砚、歙砚，情形应大体类似，价位同样有高有低。

6. 我不看好的砚藏

一是非原创作品。即所刻之砚，非作者原创，图式、面貌是他人的。二是中档及一般作品。特指看起来过得去，但说不上好的一类砚。三是到处可见的商品砚。四是重复复制之作。特指虽原创，但反复出现的一类砚。

石器时代

作者：俞飞鹏

六

有人问，藏砚，藏到好砚石，好石品的砚，是否等于藏到好砚？砚，是不是色彩好看的砚就好，是不是砚上的石眼越多就越好？

藏砚，首倡收藏的是高层次、高水准的砚。藏砚的人群中，有一类藏家，他们的目光聚拢在砚石上，他们认为，藏砚，着重在砚石好，而好砚石的标志，在有好石品，比如端砚的眼、青花，鱼脑冻，等等。

藏砚，砚最重要。好砚石，好石品不等于是好砚。好砚，由不错的砚石加上好的创意，精做工形成。至于砚是不是色彩好看的就好，是不是石眼越多越好，我以为当然不是。因为，色彩好看，体现的仅是砚石之色。石眼多，即便算好，也仅仅是砚石的好。

藏砚的要点，一要感觉好。二要再认识。三要能守。

桃花源记

歙石老坑金晕

尺寸：60cm×34cm×14cm

作者：慧君

砚，采用对比手法，在凹凸中走刀，于清浅中刻画。约略看去，砚有如一块未经斧凿的顽石，细观其中，松，隐约于山石；山石，融入人的灵性。松岩下，泊轻舟一叶，上坐两人，一在仰观，一在静思。轻舟下的绿水，不时地荡漾着碧绿与清幽。

七

我也藏砚。

我藏砚，其一，砚要做得特别好。形、质、品、工、艺，收藏时我可能都会兼顾，其中，着重于工的突出。工好，砚刻得见传统，看到这样的砚，我肯定会藏。其二，确是一流名手的砚，我一定会藏，做砚本就不是一挥而就，一流名手的砚，存世量总是有限，能有机会收藏，为什么不。其三，收藏古砚。其四，对做工一般，砚石形、色特好的砚，我也会藏。

藏砚，果断很重要。

两年前，在西昌一家古玩店，我见过一方老苴却砚。砚圆形，雕的是盘龙。老苴却砚，其实没多老，出产年代应就在清末民初，我看到的这方砚，民初的可能性大。

老苴却砚，在云南的大姚、永仁，四川的西昌、会理一带时有见出，其时，圆形盘龙砚，砚价也就在800元左右，这方砚，模样比通常见到的盘龙砚略大，雕刻工艺一般。

那天，店主要价和我还的价，差别也就在百来元，由于行色匆匆，我和这方老砚瞬间错过。

今年年初，在攀枝花一个藏砚人手上，我看到他刚收藏的一方老苴却砚，砚比我见到的那方略小，成交价已近3000元。

藏砚，贵在见他人所未见。

有个藏砚人，藏有一方上品歙砚。

那砚，砚形天成，状如木桩，皮色浑黄，黄是亦深亦浅色彩含混的黄。制砚人随石创意，雕成木桩样式，砚的下刀，若深若浅，打、雕结合。在某些部位，作者有意强调了树皮的刻画，在某些地方精雕，突出皮的斑驳与苍老；而在另一些地方，则又点到为止，甚至一笔带过。

尤其出味的，是此砚的显眼处，作者精刻了一只极细的小虫，砚也由此一下生出奇趣。

那砚，按当前市价，随便要值两三万元。

藏砚人说，最初，他在砚店看到的这砚，整体看上去零碎、杂乱。砚只是粗略地雕了些树皮，下刀单一，处理平浅，可能作者觉得仅做些树皮不行，于是，他在砚的右边，那儿刚好有凸出的一块料，又刻了点颇为立体的什么也不是的东西。也许是这东西过于丑陋，砚，寄放到这家砚店，几乎无人问津，一放就是两年。

这砚，相信很多人见过，只是，藏砚人见到了他人所未见。藏砚人买这砚，仅花了几百元钱。

之后，他请名手作了重刻。我看到的，是此砚重刻后的模样。

十八罗汉图

歙石水坑金晕

尺寸：40.5cm×28cm×6.5cm

作者：丁晓翔

近年来，以十八罗汉入砚的砚作出现过不少。此砚，妙就妙在巧金晕而构思，依晕色而下刀，罗汉或聚或散，神态各异，刻画生动。砚中的佛门净界，如真似幻，整体隐现于仙雾缭绕中。

云腾龙尾

歙石老坑眉子

作者：裘新源

砚，石品精绝；云，信笔施入；于大开大合中见律动。雕刻由砚面而至砚背，平刀结合圆刀，整体生鲜、泼辣、灵动、大气。其中，砚背的皮色保留，于平易中见别异，尤见独具的匠心。

思想

　　我爱刻砚。也爱在暮色浓深时，合目神思，信马由缰一下古人造器的神异。我想《十二峰陶砚》的模样，想古人刻它的神情气息，想砚里的人为何负山，想这峰那峰的错落、神秘。

　　砚是怎样的？还原砚的本身，砚的本身呢，在哪？

　　不重复古人，别重复自己！做个有创意，有思想的砚雕家，让你的砚有水平地说话。这在当下，需要的绝不仅是勇气。

一

一方砚，好与不好，泊于热闹的层面，定然不好。

一个制砚者总是在和你说，他用的是老坑石，石品有多好，却不说他的砚创意怎样，雕刻如何的不一样，这样的制砚者，名在砚石尚可，名在砚艺难可。

优秀的大师，必然以他的砚艺为荣耀。在可以锦上添花时，他更愿意用化腐朽为神奇来证明。看看陈端友的砚，没有端石的鸲鹆眼，不见端石的鱼脑冻，他照样独出心裁，开出神异。

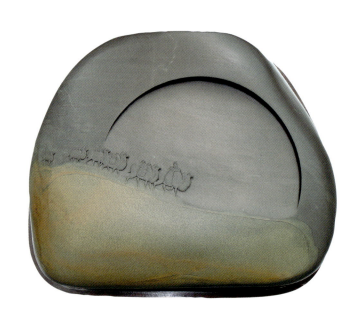

大漠铃声

水坑金晕

尺寸：31.8cm×26.6cm×6.5cm

作者：丁晓翔

此砚以大漠中行进的驼队为题。砚中，作者有意将驼队雕刻成细小模样，以此强化、突出大漠的空阔与旷远。

做砚，在于不拘泥。这是此砚的可贵，亦是好砚之所以好的关键所在。

一路祥和

歙砚

尺寸：19.5cm × 19.5cm × 4.3cm

作者：钦石

此砚石品有龙尾石的罗纹、金星、金晕。砚为双面雕，正面素式，以用为主。砚背于云缠雾绕中细刻一神鹿，线形的晕色，于飘忽中别添了一分难得的仙韵。

二

做砚，最忌重复。很多年前，你已经越过那条路了。可怕的是，多年后，你再次重走。

做砚，知巧色，知造型，知构图，知道挖砚池、开砚堂，知道把线条做好，知道刀工技巧，知道因材施艺，这是知表。知始终是在造器，造的是儒雅之器，艺术之器，这是明里。

造器，不是按古人的砚样复制，古人留下的器型样式，那是古人的。

传统，不等于什么都好。从流传下来的古砚看，传统砚在器型塑造，图饰构筑与雕刻工技方面，有的，放在今天仍然可取，有的，事实上已难可取。

当代砚雕，若只是一如的老样式、旧套路，再得传统，见传统，也仅是重回唐宋，复制了传统。

我们造的器，有我们的理念、气质，这器源于传统，得于自然，融入人的审美、文化，有我们特有的风貌，是我们独到的创造。

百舸争流

歙石眉纹

尺寸：41cm×33.3cm×5.6cm

作者：丁晓翔

眉纹如练，如波光荡漾。作者依形就石，刻风帆于其中，风帆有大有小，有主有次，或远或近，全砚构筑、下刀随石生发，亦石亦砚，如梦如幻，于鲜活中见灵性。

黄山烟云图

石出婺源水舷坑

尺寸：13cm×19.7cm×2.3cm

作者：吴华锋

刻砚，都在讲要因材而施艺，因材施艺，说说易，真要按材质的品色特性进行
创作，却非易事。此砚，砚石中部偏左，天然波纹如云腾浪涌，右下，有块状
金晕隐隐呈现，作者应石施艺，搬来黄山一角，巧晕色着刀，创作了这一横生
妙趣的黄山烟云图。

此砚，若因材时想不到黄山，或若想到黄山，手上功夫不到，表现不出黄山，
还有，对黄山的景观把握不好等，刻出的最后效果，都可能会是另一模样。

三

匠，东西总是规矩。匠，有板有眼做事，一天天重复做着会做的事。匠，淳朴，忠实，一代复一代地承继着手工技艺。

砚雕未必都艺术。做砚，把砚实实在在地做到位，当一个砚的名工巧匠，并没有什么不好。

慈航普度

歙石，唐坑仔石眉纹

尺寸：22.6cm×12.4cm×2.9cm

作者：丁晓翔

形团栾，上蕴佳绝的眉纹，观音的刻画细腻而精到。砚，空灵，独到，别出，于随意点染中现不俗的意匠。

哺育

尺寸：18.5cm × 18.5cm × 3.2cm

作者：汪华钦

砚料为龙尾砚中的白鱼仔石，品色稀
见，堪称绝妙。砚中，作者巧石色精
刻的银勺，安谧且富有静气。砚石中
天然形成的银色，如银勺散开的光
亮，让人忽来一缕久违的意味。

水舷之月

石出婺源龙尾山水舷坑，水波纹石品

尺寸：19.6cm × 19.6cm × 10cm

作者：钦石

砚式传统，深古，这样的形制，过
去多以素式出现。此砚，作者在砚
面巧施图饰，轻浅的手法，入细的
刻工，让此砚瞬间别开生面，新意
迭出。

四

砚，是什么？很多时候，砚已不仅仅是文房中的器物。

用砚者说，人磨砚，砚亦磨人。藏砚家说，一日相亲，终身为伴。

制砚之门，时开，时闭。时隐，时现。门外有砚人，门里亦有。有人制了一辈子的砚，始终徘徊门外。有人走进了砚门，沉浮、迷离于砚里。

门里，门外。砚里，砚外。当你终于再一次地走出砚里，会发现砚外已清风熙来，有朗朗明月，溪桥绿水，云涤山涧，雀跃碧天……

吹箫引凤

歙石水坑金晕

尺寸：33cm×17cm×8cm

作者：慧君

此砚格局古典，状如古画。作者巧色而雕，人物造型优雅，刻画细腻，画面中流溢的率意气息，令人玩味不已。

如意云祥

歙石老坑

作者：裘新源

砚石质地绝美，予人一份稀见的纯净。云蕴于砚中，具一脉别有的韵致，如意形的砚池和流淌其间的云相生互融，欢聚一堂。雕刻工细，精到，如歌若吟，深蕴传统但不唯传统。

月华

石出婺源龙尾山金星坑，仔石，石品有金星、金晕及针叶状眉子

尺寸：23cm×16.5cm×4.6cm

作者：钦石

砚的主体，俏刻了一吞云吐雾的金蟾，蟾精刻，云意写，而砚池，于不意中曼妙生出。

五

一方砚，刻成这样，有人欣赏，有人不以为然。一幅画，有人看好，有人不这么看。我想，画画与制砚，就作者而言，在创作之初，心中的念想应都一样，就是尽可能地运用自己对砚的理解，美的认知创作好它。

同一题材的砚，雕的人不同，做出的砚不同，表现在砚上面的是看法、认知的不同。因为我们这样看，所以我们这么做，也因为有人那样看，做出的砚成了那样。

这样或那样，一时地看，无所谓对错。长久地看，因为看法不同，识见不一，角度异曲，得出的结论，结出的慧果，体现在砚雕上的高度大不一样。

清音

石出婺源眉子坑

尺寸：19.5cm × 18.5cm × 4.5cm

作者：吴华锋

砚四平八稳，呈对称状，这样的形，时常让人望而木然。作者一边神思着古人，一边细心地，一点一点地在这样的形里构筑，想象。伴随着作者的刻画，我们在砚里读到了山涧、流泉、碧水、秋林、抚琴而坐的古人以及远远浮动的雾色。

江流天地外

尺寸：22cm×13.5cm×3.5cm

作者：吴华锋

石出婺源眉子坑。此砚，延续了华锋作品中寂寥，隐冷，静谧的风格，全砚刻画细微，造境清越而空远。

六

当代，有名贵石品的砚石一路高涨。相比砚雕家的砚，石品的价格要疯涨得多。相比砚雕家的影响，石品的影响要强大得多。

石品好，那是石品。砚好，那是砚本身的好。你的砚能见砚雕家的巧思，匠心，工夫，灵性，思想，层面么？如若不能，此砚何能。

制砚，实非花色好就是好砚、卖相佳等于佳作。

制砚，要的仅是把砚做好。砚之好，在砚的构筑，在思想，在砚雕艺术本身，在砚石的内在品质，在自然出趣，在大巧不雕。

清音

歙石金晕

尺寸：50cm×36cm×15cm

作者：慧君

砚形浑朴，作者洞开出砚堂，在色的冷暖对比中，俏色刻画了两个相对而坐的古人，一抚琴，一倾听。远远的，古松藤蔓依稀其间，影映其中的还有明月一轮。

五龙夺宝

苴却石

盛世龙腾

作者：张明山

浑古

七

"和"，是好砚之本。

刻砚，是边刻中的边想，是裂石中的惊愕，是不雕中的而然，更是人与石的相生，互融，交心。刻砚中一刀刀地施入，不是制砚者和顽石的互为角力，而是人与石的和谈，和合，和唱。

悟道图

歙石鱼子银星

尺寸：42cm×23cm×13cm

作者：慧君

石形天成，作者略加琢磨，成微凹样，砚面上，已显现出的是深色的椭圆形态及左下角的一抹晕色，相映其间的还有七颗罕见的银星。

歙石中出现金晕，已属难得，在金晕中伴生七星，且为银色，当称极为稀见。面对这样一块砚料，如何依形，巧色，留出稀珍的，加上恰好的，这是个难题。

作者就石因材，大胆舍去具象的砚池、砚边，依深色的椭圆及左下晕色，妙作人物于砚中。人物一正，一侧，一似有所嘱，一若有所悟。

整体上观，全砚下刀简约，着墨精省，融天地、人物、晕色、石品于一砚，得浑朴，见自然，耐人寻味，意蕴深远。

寿者

歙石水坑金晕，仔石

尺寸：45cm×23cm×13cm

作者：慧君

此砚依形顺势，下刀简省，于少许中见机变，见灵妙，砚寓意蕴于其里，看似不见琢磨，而巧妙，尽在浑朴的半留本色中。

九

砚刻，要是仅讲实用，讲如何好卖，显然太功利。做砚者应存乎一心的是如何艺术地做出好砚。而突出艺术性的好砚，多在灵感忽来时做出。

好砚的关键，在砚石与创意的最佳寓合，在不可多得的神来之笔，在先天与人为的合一。

一方砚，做到实用、好看，对具有砚内功力的制砚者而言很容易。在一方砚上雕点像样的图案，这也不难。但要以极精省的笔墨，在看似平常中做出点超然方外、超越自身的"东西"，却深为艰辛。这艰辛的背后，是砚雕家是否拥有深广的砚外功力。

霜叶红于二月花

歙石，老坑金皮水浪纹

尺寸：33.2cm×17.5cm×7cm

作者：吴樟云

石出婺源老坑，金皮间水浪纹。

金皮色若秋林尽染，于是作者留其品，巧其色，在峰峦间妙手用刀，细刻小桥、流水、石径、人家，再现元人诗意于砚上。

大漠幽思之楼兰

松花砚

尺寸：20.6cm×12.8cm×3.8cm

作者：钦石

此砚，予我印象深刻。

砚面白黄二色，作者用一支细小的驼队，妙手分出天地，从而于不经意间，令人叹奇地将我们带向神秘的沙漠。

细小的驼队，突显出沙漠的广袤、空寂、廖远。砚背，作者以细腻手法，在近景刻画了一人、一驼。背景，隐约闪现的是谜一般的古楼兰城。

全砚雕刻深入细理，其中，巧色、巧思尤见独到。

十

传统砚里边，有些砚作，走到了非常高的层面。

曾读到一方古代抄手砚，砚如掌心大小，整方砚上，看不到一个带九十度的角，线条由上而下、由里而外，做得劲健挺直，精细入理，严谨非常。将砚翻来覆去把玩观赏，面面唯美，如此的匠心，这样的精工，读罢直让人心惊。

古歙的蝉形砚，以蝉形作砚形。砚造器型意，蝉状若出世。实中寓虚的蝉额，妙作砚额，大而洞开的蝉眼，巧为砚池，圆润虚化的砚堂，是为蝉身。蝉，虚得神出鬼没；砚，造得摄人心魄。

古砚中的长方门式素砚，砚额略合，砚堂洞开，形如门字，是非门式到门式的巧妙过渡，它的器型，比例，池、堂、边的把握拿捏，气度美感与便利实用的完美统一等等，仍然值得今天的砚林人礼敬学习。

风荷

苴却石石眼、绿膘

尺寸：32cm×21cm×3.5cm

作者：王庆瑜

在苴却砚中，绿膘带眼的砚向来是珍稀的。

此砚俏绿膘而刻，砚中，作者以鲜活的下刀，巧妙而精心地俏刻了相向不同的绿色竹叶与数片荷叶，一对鸳鸯，静静地相拥在荷塘中，天然生就其中的石眼，妙如荷塘中的浮萍点点。

无限风光在南粤

端溪麻子坑。眼、天青冻、青花、胭脂、火捺等

尺寸：52.5cm×38.5cm×14.5cm

作者：黎铿

该砚以著名的"岭南奇观"端州八景为题，采端溪麻子坑砚材，应石立形，因材形艺，以全景式手法构成，画面层林尽染，曲径通幽，全砚着刀微细，技艺精绝，堪称近年中稀见的一方砚林珍品。

十一

砚，开个砚池，具个砚堂，便算砚么？

砚，是龙，是凤？是亭台，楼阁？美女，名士？实在不应是。可，现时的砚，满满当当的砚林，所见的一遍遍地分明在重复雕刻着的似乎全是。

砚，是砚。

砚是怎样的？还原砚的本身，砚的本身呢，在哪？

不重复古人，别重复自己！做个有创意，有思想的砚雕家，让你的砚有水平地说话。这在当下，需要的绝不仅是勇气。

双龙戏珠

苴却石石眼

尺寸：52cm×35cm×3.9cm

作者：王庆瑜

以龙为题入砚，很多人都在刻，不少砚种亦在刻。

苴却砚雕龙，以深雕、深镂为主。此砚做双龙，细细品读，妙巧有三：一是构思布局能围绕石眼，妙用石眼，巧用其中的细小石眼为龙眼，这是一妙。二是砚中的双龙，有进有让，或显或隐，这是二巧。三是虚实有致。全砚高低错落，灵实相间，层叠分明，可谓三巧。

十二

制砚者总是试图在砚上造出完美，而完美，依旧犹抱琵琶，半遮着面。

别出，说说易，要创作出一方这样的砚，有太多的不易。

凹凸，再凹凸，难以把握的是凹凸时拿捏的尺度。

出问题的砚，在多施，在不舍，在想要的太多。

不要怕雕得多，恰如就好。不要以为少就是好，偷工减料、投机取巧的砚一定不好。

美妙的石品，独到的石形，诱人的石色，常常会左右你的创意。

制砚过程中，左右你的不仅仅是这些，你雕刻中出现的新石品，冒出的新问题，你刻一方砚的时间，你做出来的砚是否有市场，等等，都有可能更改你的设计，摇摆你的设想。

蛙声十里

作者：俞飞鹏

山水砚

歙石

十六

古人说：砚以方正为贵，浑朴为佳。

方正，不是单指一方砚的外貌外形，更不是指的长方形砚或正方形砚。方正是一方砚整体上的气象风度。这气象风度坦然如君子，蕴含文士的气度与风雅。具体到一砚，这砚应端方有度，活泼而不失谨严，格律且率性自然。

明月逐人来

歙石老坑眉纹

尺寸：37cm×27cm×6cm

作者：吴樟云

老坑，眉纹，子石，砚料本就不可多得，作者在毛石的天然凹凸中开出圆月，于云雾忽起中亮出砚堂，在砚堂的右下，刻一叶小舟，舟中精刻三人，或坐，或立，或思。全砚于不尽琢磨、半留本色中见匠心。

十七

不具砚内功夫的制砚者，再多功夫也是砚外功夫。

砚内功夫，指的是以手上技能为主的手上功夫。学习刻砚，一代代延续、继承下来的多是这样的功夫。

很多人，热衷于手上的功夫，细的想再细，精的想再精。这热衷，有的是出于自身的无奈，有的和师父带徒弟的传授相关，我们的传授，其一，讲的是手头功夫，二仍是，三还是。

砚内功夫，首重在"工"。

工，是砚雕者成长的必经阶段，必由之路。

工，是严谨，是到位，是细腻，是精到，是训练有素。工，讲的是做砚的砚内规矩，是能方能圆，见方见圆，是规矩之后的方圆。看传统的长方形砚，举凡砚边、砚池、砚堂，何处不见工，何处不蕴工呢。

工，赤裸得无有遮掩。你刻的云，龙，山，水。体现在工上，它不拖泥带水，不犹抱琵琶半遮面。山的凹凸，山的线条，山的厚薄高低，全在能否见到实在的刻工。工，犹如工笔画的笔笔有工，笔笔见工，笔笔蕴工。工，状如楷书工整严谨的点，横，撇，捺。工，还如木匠一斧斧，一刨刨，做出来的活，有尺度，见准绳，恰如其分，恰到好处。

刻砚，太多的人想绕去工精，直奔意写。工与写，看似矛盾，其实不矛盾。写的根基是工，先工而后写，能工才能写，这好比孩提的我们，总是先学会走，而后才能跑。

十八

砚林中的很多砚雕师，经过学习，学把砚坯雕成砚样，学习砚雕中的图案刻画，经过不断的雕刻，刀下多会由生涩到熟练，功夫亦由粗放至细腻，终于，到一定的阶段，雕刻功夫上升到了较高层面。

不少刻砚者，以为刻得好的砚，无非是好在手头上的功夫，于是，他们由粗到细，很多人，刻到下刀见功，刀刀不空。直刻到眼力衰退，身心疲乏，由细而粗，下刀模糊，直至由生至灭。

制砚，从没有什么功夫，行到砚中见工是进步。但是，刻砚不能一味、过于地追求功夫，一味求功夫，会走向事物的反面，比如弥工弥俗。

弥工是什么，是过于的追求手上功夫，是不见思想，缺失情感的见工，这样的工，功夫在，但生命已然不在，没有生命的见工，有又何如？

弥工弥俗，从砚上说，指的是把不刻的一概刻出。砚上花的工夫、见的工夫越多，越发见俗。一方砚，讲究刀刀见功夫，见的是功夫，弥的定然是俗。

砚，形成方圆之形态，它的题材、雕刻、手法、虚实、深浅、大小、厚薄、理念、格式等，究其根源，是人文，人化的。是人的美好情感、品性知识、素养境界的物化，是文化元素、符号，凝成于砚，形成于砚的具体化。

一方浸润作者心智的砚，蕴涵的是砚雕家对砚的认知，把握，解读，深研，体现的是砚雕家综合的功力及多方面的学养。

工，是学习刻砚的内功。不过，优秀的砚刻作品，不仅优在砚雕艺术家的砚内功力，手头功夫。个中的优秀，还在深广的学养，在综合的砚外功。

回文艺术砚

端石宋坑青花、火捺

尺寸：28cm×28cm×8.5cm

作者：黎铿

作品结合中华文化元素，寓方于一圆，于圆中见方，将大小不一的"方"相谐于一圆，在平面的一圆中刻出了层次、化变、虚实、深远。

砚融书法、龙纹于一体，构筑严谨，布列精辟，下刀匀净、洗练，书卷气息浓郁。

十九

砚界，有一部分人是"技能熟练者"。这部分人学得制砚的基本手法，会雕些砚上常见的图案，比方云龙、龙凤、松鹤、山水、人物，等等，于是，揣着这些会雕的图案，不断地重复，不停的复制。这部分人无力于创新，习于抱守过去所学。

砚林中另有一部分人，在经历了盲从、抱残守缺后，找到了古人。客观地说，在留存下来的古砚中，确有一部分古砚非常精湛，甚至可以说精妙绝伦，后无来者。这些古砚不张扬，不浮艳，规范有度，厚重工精。从砚形看，古砚方正，端庄，典雅，严谨。从线条看，工精，灵性，张弛有度。从砚池、砚堂看，池于空灵深邃中见圆润，堂于平凹中见功力。这一部分人紧抱古人，在古人营造的天地中浸润、陶醉。当今砚林，时有这类好古之人出现。这些人最后多成为抱守传统，能够继承传统的"再传手"。漫漫岁月里，在复制古人的同时，这类人在乐此不疲地重复，在不断重复中迷失着或许可以不同凡响的自己。

在砚林，还有一类人，这类人几乎没有制砚功夫，没得到制砚真传，甚至于不知道别人的砚好在哪里，这类人自圆其说，自以为是地做着所谓的砚。有的还自誉为创新，有独特风格。这类人在传承有序的端、歙砚中有之，在缺少砚艺传统的砚类中亦有之，就我所知，砚林中从来不乏这类人群。

在砚林，我知道亦有这样一些人，这些人在埋头读书、习画、刻砚、攻艺。这些人边制砚，边思考，探索、研究着古砚今砚，兄弟名砚。有的醉心于砚形、创意、雕刻上的探究，有的在边刻砚的同时，边做着砚学方面的探寻。砚雕艺术走到今天，该如何走，朝哪个方向去？这些人在默默做着努力。我不能说，这类人一定就是砚林中的什么人物，但我知道，要刻好砚，刻出有影响的优异砚作，这是努力的一个方向。

我们当不能紧抱古人，满足于做个"再传手"，我们亦不能做个"技能熟练者"，只能做一些浮于表面的、低俗的商品砚。我们也不能做"自誉为创新，有独特风格"的一类人。没有学到制砚的真功，就老老实实静下心来学，学传统制砚，研究优秀的砚文化，得有化古人精华为自己血肉的心劲。

自誉，毕竟是自誉，名家、高手的内心都有尺度，自誉和通过这把尺子有着天壤之别。

渔舟晚唱

歙石老坑眉纹

尺寸：35.5cm × 29cm × 7.6cm

作者：吴樟云

石出婺源老坑，主要石品为眉纹，砚依料石纹理轻巧下刀，渔舟，此时正浮游于轻扬的细柳中，全砚刻得细腻而舒情，如诗，若画，精练，纯净。

二十

做砚做到一定的层面，砚各有各的味。有的砚有文人味，书卷气。有的砚有雕刻味，有的有古拙味，有的见秀雅气。有的非常专业，见功力见刀味，有的富韵味，有音韵之美，有的出手就是古典，砚中流溢的是古味。

不同的人做不同的砚，见不一样的匠心，各有不同的意味。这是各异砚雕家制砚的境地，层面。

我，爱一方砚的斯文。尽管，很多砚在远离斯文。尽管，时下很多具运动色彩的，人有多大胆地有多大产的浮躁空洞的砚，毫无顾忌地充斥市场。

我固执地坚信，斯文的砚会成为主流。

到了切实知道礼敬、尊重传统，知道砚是弥足珍贵的文化遗存，知道做好，做精，做深砚的学问才是正道，砚文化发展的黄金时代将真正到来。

距离这样的黄金时代，眼下，需要的不仅仅是时间。

唐人诗意

苴却石绿萝玉、绿碟

尺寸：26cm × 20cm × 3.5cm

作者：王庆瑜

镂空，俏色，深雕，是苴却砚中常见的形式。此砚，作者匠心独具地俏了砚石本色，于绿色碟层中巧妙着刀，生动细腻地刻画了两只角度不同的蜻蜓，全砚洗练、洁净，于自然中见别趣。

二十一

宋人苏仲恭,以豪宅相易,为换一方心仪爱砚。

豪宅有多豪,现在的我们是无从考究了。

一个爱砚的藏家问我,如苏仲恭这样的古人,为什么这么爱砚,这么痴迷于砚。

这是个难以应答的话题。

爱砚,痴迷于砚,是中国传统文人普遍的一个现象。

古代文人,爱将砚比作田。他们躬耕于砚中,如农人经着风雨、历着寒霜,年复一年地日出而作,日落而归。一砚案头,或纵横驰骋,或神思飞扬,或义愤填膺,或扬长来去。一方砚,盛着他们太多的人生感慨,仕途沉浮,爱恨情怀。

同时,一方砚虚涵、空灵的心怀,端方、正直的态度,也暗合传统文士立身处世的心径。

今人爱砚,有的爱砚乖巧的样式,有的尤爱砚中的名品,有的只爱名家名作,有的偏爱拥有岁月留痕的古砚。也有因为一方砚,给特别的人带来特别的思想,感觉,机运,之后生出别样爱的。我想,古代文人对砚的爱,或多或少与今人相近、相通,抑或是相合。

古往今岁,有太多的文人学士,达官显要,与一方方美砚结下不解之缘,留下过许多砚林佳话。

苏仲恭以豪宅易砚,是古人迷砚的重要篇章。其实,宋代还有一个人,偶然的一个机会,他来到皇上身边,用上皇帝的御砚,这一用不得了,这砚被他瞄上了。经过和皇上一番曲径通幽,他讨要到砚,之后抱砚于怀,兴奋不已地一路疯跑。他,是宋代大画家兼砚的大收藏家米芾。

这故事,我一说再说。为什么?其一,是作为砚雕家的我,为世间有如此爱砚的米夫子生发的感动。第二,为砚的力量。想想,米夫子是藏砚大家,收藏有很多砚,自然也看过不少砚,而一方砚,竟让看过很多砚的米夫子动起皇上心思，可以不管不顾头上乌纱，可以不计身家性命，想这样的砚，它的魅力与魔力，多么漫无边际。

海岳神兽

歙石，老坑眉纹稀品

尺寸：20.6cm×13.2cm×5.3cm

作者：吴荣华

荣华的砚刻，以小巧、细腻、神化见长。此砚为六面雕刻。歙砚，从古往看，取两面刻的不少，刻出六面的少见，将六面刻得如此精工，精细，精巧的尤为稀见。此砚，砚面纹理如波涛涌动，作者巧其纹色，在砚额处精刻数朵流云，流云如雾色轻起，又似仙乐飘舞，而此砚的精彩，也在这曼妙的仙乐中徐徐展开。

海岳神兽（砚侧）

后记

这是我一直想写的久搁于心的一本书。

多年前，曾经，我和一个痴迷砚的文人，抵足交谈过这本书的构想。老人欣喜我的勇于……他说，再等等吧，你前面的路还长远，这本书，思考、想法很好，不过，你可以先作些笔记，再等一等。

不经意间，我的情怀、气象、爱与痛，由龙尾砚到苴却砚，沉浸其间已越30年。

砚石涵天地精华，是为鬼斧；砚艺蕴日月灵气，可谓天工。

好砚的造就，实为人与天的合而为一。

居砚林一隅，只想静心刻砚，固执地认为，好砚总是好，哪怕一时不好。

昨天，我在改一方砚，此砚之前于三两天中一气呵成。今天再看，觉得有很多地方没做到位，有的地方不够深入，有的地方还不细腻，有些地方工不精到。

砚，并非深入，细腻，做工精到，凹凸感强就好。可该做到位，该深入细腻的地方没做到，这便是问题。此也表明两点，其一，快，易生粗陋，慢工才出细活。其二，好砚，不在一时的感觉好，贵在一看再看时是不是仍然好。

一方好砚的刻出，需要付出太多的艰辛。想一本好书，当如是。

感谢北京工艺美术出版社。此书写作过程中，编辑张恬老师付出了不少心血，予我以很多帮助，在此一并致以诚挚的谢意。

俞飞鹏

2012年5月9日于古滇